TEENAGER SPACE FANS

主编◎肖志军

学生空间搭载实验
经典案例

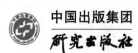

《航天少年: 学生空间搭载实验经典案例》
编委会名单

编委会主任: 杨利伟

编委会委员:

吴 杰 袁茂富 贺 利 吴 斌 刘金生 肖志军

徐 军 左晓宇

顾问: 吴志坚 陈善广 孙锦云 张玉江

主编: 肖志军

副主编: 吴 斌 左永亮 张玉梅 岳 辉

编者: (以姓氏笔画排序)

王永生 孙海鹏 朱龚星 刘淑倩 刘瑞江 安德华

李建辉 杨宁康 张 健 孟劲松 赵 琦 凌 波

审校: 李永真 孙满霞 辛冰牧 谢 琼

校对: 张永君 杨若凡

图片来源: 朱龚星、《航天员》杂志社图库

版式设计: 马晓妍

牛顿曾经说过："如果说我看得比别人更远些，那是因为我站在巨人的肩膀上。"科学研究是在前人工作基础上开展的，科学家一般通过科技期刊、专业学术会议等途径跟踪相关领域的最新进展。具体科研项目启动前，通常都要进行系统的文献研究，掌握前人的研究成果，从而使自己的研究项目有高的起点，这样还可以有效地避免重复劳动，少走弯路。学生空间搭载实验的设计作为一种特殊形式的科研项目，也要遵循相同的研究逻辑。

自人类进入航天时代以来，源于对人才的深刻理解和强烈的忧患意识，各国航天机构通过创意大赛等遴选方式，利用多种发射机会先后将数百项学生设计的实验送入太空，极大地激发了同学们科学探索的热情，切实促进了航天科技人才培养和储备。

本书作者系统整理了搭载进入太空的学生实验，从中精选出了137个经典案例。为方便阅读，作者根据题材将这些案例划分成微生物、植物、动物、生物化学等章节。每个搭载案例包括案例说明和点评两部分，案例说明重点介绍搭载实验的背景、目的、意义以及实验内容，点评则进行画龙点睛式的评述，点出该实验的亮点和创新点，帮助读者更好地把握这些搭载实验创意的精髓。

"它山之石可以攻玉"。我们希望这些案例，可以帮助参与空间搭载实验设计的同学，更好地了解各国学生曾经完成的实验，从而对未来参与类似实验的创意设计有所启迪、有所帮助。

由于实验涉及的学科领域庞杂，疏漏和错误在所难免，敬请广大读者批评指正。

目 录
CONTENTS

植物实验 •• **057**

生物化学实验 109

前　言

自美国航天飞机"零星搭机计划"开始，学生终于有机会将自己设计的实验送入太空，利用独特的环境资源，探索神秘的未知世界。学生能获得如此宝贵的空间实验机会，既得益于航天技术的成熟和发展，也得益于各国对学生科学素质教育的极端重视。当前，各航天大国都充分利用自身的航天资源助力科普教育，提供相当数量的发射载荷，支持各种科普活动，其中就包括各种学生搭载实验。

截至目前，已经有数百项各国学生设计的科学实验成功进入太空，其中也包括中国学生设计的多项实验。2016 年，由中国香港地区学生设计的家蚕培养实验装置，搭载我国的神舟 11 号载人飞船进入太空，实验取得圆满成功。

在已进入太空的数百项学生实验中，美国学生的实验项目最多，且大多数是通过学生飞行试验计划（Student Spaceflight Experiment Program, SSEP）进入的太空。因此，在筛选出的经典案例中，SSEP 计划的搭载实验占据了较大比重。

学生搭载实验有很多共性的东西，例如搭载实验的遴选过程、遴选标准，甚至包括操作过程。因此，搭载案例介绍时，聚焦学生实验的核心创意，着重介绍实验的背景、目的及实际意义，并在每个实验介绍后面，对学生实验的创意进行精辟点评。为了减少不必要的重复，并没有面面俱到地对每项实验都详述具体的操作步骤和实施方法，共性的内容，以小链接和小贴士的形式出现。

为了方便同学们的学习和阅读，按照学科对这些经典案例进行了分类，在此基础上，再根据具体的搭载时间排出先后顺序。

众所周知，我国的天宫二号任务上已经搭载了部分学生设计的实验。我国空间站建成后，将开展更加丰富的学生科普教育活动，而学生科学搭载实验将是其中重要组成部分。这些学生搭载案例，对于我国学生将来参与相关设计，具有很高的参考价值和借鉴意义。

◎ SSEP ◎

SSEP 是一个通过商业化运作，使学生受益的项目，由美国全国地球及太空科学教育中心负责寻找资助，承担搭载所需的费用。主办方希望为学生提供持续性的研究机会，通过商业载荷进入太空，带动全国的 STEM（"科学、技术、工程和数学"的缩写）教育。

SSEP 项目采用标准化的形式，开始竞赛前，已设定好实验的约束限制条件，如重量、体积、温度控制、操作要求、密封性要求、材料要求等。这既便于搭载的实施，有利于学生实验的遴选，也有利于借此机会对学生进行系统培训和教育。

增加参与大赛的人数、扩大学生覆盖面，是 SSEP 项目组织者的一个优先考虑。组织者希望通过参与竞赛过程，让更多的学生得到系统的训练，提高他们学习科学技术的兴趣，为航天事业培养后备人才队伍。因此，遴选实验时，实验的创新性是一个考量因素，但并不是决定性的因素。但是，安全性对学生实验能否入选具有一票否决权。经历两轮评审，确定项目入围后，学生实验会在约翰逊中心进行一项为期 4 个月的飞行安全性评估。

目前，学生实验一般在佛罗里达州的卡纳维拉尔角空军基地搭乘龙飞船或在弗吉尼亚州瓦勒普斯岛搭乘天鹅座飞船前往国际空间站。

微生物实验

1. 微重力酵母实验

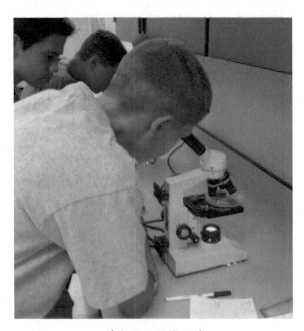

学生用显微镜观察

酵母菌是人类历史上应用最早的微生物。在有氧环境中，酵母菌将葡萄糖转化为水和二氧化碳；在无氧的条件下，将葡萄糖分解为二氧化碳和酒精。几千年前，人类就用其酿酒和发酵面包，在发酵面包过程中，面团中会放出二氧化碳，使烤出的面包松软可口。酵母在太空中会和地面一样发生化学反应吗？如果一样，在太空就可以发酵面包，那么未来执行长期飞行任务的航天员就有望吃上新鲜烤制的面包！因此该项目团队提出研究的目标是，让航天员吃上新鲜面包，从而帮助得到所需的谷物营养，维持航天员在太空的身体健康，这将使未来的航天员受益。

该实验团队测试了微重力对酵母显微结构的影响。酵母的增长是因为酵母吃掉糖、释放二氧化碳气泡，从而扩展了酵母。在太空微重力条件下，他们推测酵母会因微重力而产生不同的细胞结构。在天上开展实验的同时，该团队会使用同样的材料在地面进行对照试验。在轨实验开始时，航天员首先将蜂蜜和水混合，然后再混合酵母。在地面上，混合物也会同时开始。该团队的同学们推测：在太空中的实验会与地面不同。在太空中，每种实验样本分别放置在 FME 试管的不同部分，航天员将打

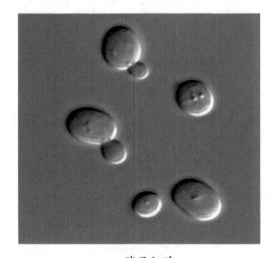

酵母细胞

开夹子，使各不同部分的蜂蜜、水和酵母混合，酵母"吃"的化学反应就开始了。他们认为，微重力将改变酵母的反应，因为物质微粒并不像地面上那样紧密地在一起。他们也会同样地评估地面上的反应，并比较天地之间的差异。

（本实验在 STS-135 任务中搭载飞行）

点评：几千年前，人类就掌握了酿酒和发酵面包的技术，喝酒和吃面包已经成为人类不可缺少的生活方式。长期星际飞行期间，尽可能让航天员保持接近地球的生活方式，非常有利于维持他们的身心健康，吃新鲜出炉的面包就是一个很好的措施。这个团队的同学们从这个目标出发，提出了研究微重力对酵母显微结构的影响，很有针对性，方向和落脚点都很好！

2. 太空中的"什穆"

酵母通常为无性繁殖，这有其自身的优势。而有些酵母则可以进行有性繁殖，两种酵母细胞，可以分享基因信息。酵母细胞伸出叫做"什穆"（Shmoo）的交配突出，而负责这个过程的化学物质是一种叫做信息素的荷尔蒙。酵母细胞 A 和酵母细胞 α 会相向生长直到融合为一体，他们会分享基因信息。在太

干酵母　　　　　　　　什穆

空微重力条件下会是怎么样呢？这个团队的同学们提出了"太空中酵母是否也可以有性繁殖"的问题。

项目组的同学们假设酵母能够发出信息素并在太空完成有性繁殖，并据此设计天地实验。在 ISS 上，将一个酵母样本暴露于信息素中，另一个不进行暴露；在地面进行完全相同的对照实验，并将结果进行比较。样本返回地面后，进行观察比较。如果酵母产生了什穆，意味着它们在太空发出了信息素，微重力没有产生影响，反之则有影响。这个实验是单细胞生物的基础实验，研究酵母这样的基础生命，可以帮助我们了解更复杂的问题，如人体细胞。通过研究微重力对酵母细胞的影响，可以帮助我们了解微重力对人体细胞的影响。

（本实验在 SSEP 第 2 次任务中搭载飞行）

点评：由于酵母在我们日常生活中发挥着不可缺少的作用，因此也成为学生实验的热门对象。本实验团队研究得更加深入，从酵母细胞的有性繁殖方面，探索微重力对酵母细胞的影响，这对于研究微重力对其他高级生命的影响也提供了参考。

3. 微重力对大肠杆菌菌毛繁殖的影响

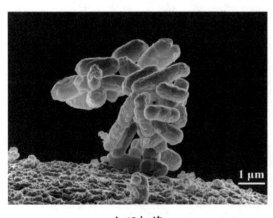

大肠杆菌

1885 年，德国儿科医生首次发现了健康人固体排泄物中存在大肠杆菌，最后这个新发现的微生物物种的名称，就用发现者的姓名来命名了，这就是大肠杆菌英文的由来。

大肠杆菌虽然存在于所有健康人的体内，但是，它也是一种最常见的致病菌。本项目组的同学们认为，人类未来可能会移民到其他星球，所以了解这种能致病的细菌在不同重力环境中的表现十分重要。因此，他们提出了研究微重力对能产生菌毛的

E. coli O157:H7 438950R 大肠杆菌繁殖的影响。菌毛在普通光学显微镜下看不到，必须用电子显微镜观察。它是比鞭毛更细、更短而直硬的丝状物，能帮助附着于宿主的肠壁，避免被肠蠕动或肠分泌液清除。本研究还观察微重力对菌毛的生长是否有影响。

（本实验在 SSEP 第 1 次任务中搭载飞行）

点评：微生物因体积小、重量轻，是学生开展太空搭载实验理想的研究对象。大肠杆菌是日常生活中最常见的致病菌之一，是平时引起腹泻和食物中毒的重要原因，因此选择研究微重力对大肠杆菌繁殖的影响，对于人类的长期太空生存，甚至是移民其他星球，都有重要意义。

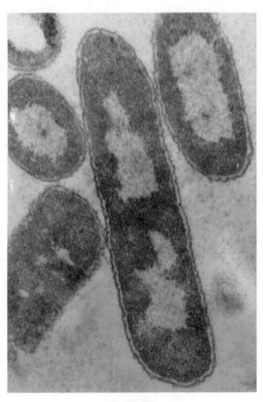

大肠杆菌

4. 微重力对 LGG 益生菌生长的影响

益生菌存在于乳制品和我们的消化道中，一个人大约有 10^{14} 个益生菌。益生菌是一种对宿主有益的菌类，可以帮助改善宿主的微生态平衡，维护身体健康。本项目组的同学们通过文献调研发现，俄罗斯航天员使用了益生菌，并且证实非常有效。虽然 NASA 为自己的航天

益生菌实验

员制定了健康维持计划，以避免航天员在太空发生疾病，但是 NASA 的健康维持计划中还没有使用益生菌的措施。

针对这个背景情况，该项目组的同学们提出，开展微重力环境对鼠李糖乳杆菌 GG 株（Lactobacillus rhamnosus GG strain，LGG 益生菌）生长发育的影响研究。LGG 益生菌在酸乳酪中存在，能帮助我们进行体内的消化，也可用于乳制品的保鲜防腐。研究的主要步骤是，将 LGG 益生菌置于 FME 试管中，通过航天飞机搭载进入太空。经微重力暴露后，对返回样本的菌落进行计数。当然，在地面会进行完全相同的对照实验。通过计数的比较，就能够确定微重力条件下 LGG 益生菌的生长变化情况。

未来，益生菌将是促进太空中航天员健康的一种有用工具。掌握益生菌在微重力中的生长规律，可以为 NASA 在健康维持计划中有效使用益生菌提供帮助，从而提高航天员在太空中的消化功能，预防更多的疾病。航天员健康风险的减少，可有力地促进更长期飞行任务的实施。

（本实验在 STS-134 任务中搭载飞行）

点评：LGG 益生菌为第三代益生菌，是目前研究最多、应用最多的益生菌菌株。据研究文献报道，已证实的益生菌功能包括平衡和改善胃肠道功能、增强人体自身免疫能力、预防和帮助治疗腹泻。该项目组的选题瞄准 NASA 航天员健康维持计划中益生菌的可能应用，选取 LGG 益生菌作为对象开展研究，具有很强的针对性，也具有良好的应用前景，是个不错的选题。

5. 微重力对乳酸菌生长的影响

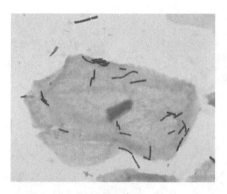

乳酸菌

乳酸菌（Lactobacillus）为益生菌，人体很多不同部位都有这种菌株，包括消化道和女性生殖系统，该菌落的平衡对于骨骼强度和人体肠道健康非常重要。人体能在肠道产生这些细菌，但是产生的量不足以保持人体健康，人体可通过酸奶和其他乳制品等途径获取乳酸菌。我们知道航天员在太空中不可能去医院就医，所以维持航天员的健康非常重要，特别是长期太空微重力生活，或者移居太空或其他星球时，而摄入乳酸菌就是一种方法。NASA 对此也非常认可，航天员斯科特凯利在太空生活一年期间，他的双胞胎兄弟在地球上进行了对照实验。因为这些细菌对人体的重要性，该项目组的同学们想知道微重力是否会影响其生长。

项目组提出假设：微重力下乳酸菌生长更快。实验共有两套装置，一套在地面作为对照，一套在国际空间站开展实验。细菌为冻干休眠状态，进入轨道后，通过加入 10% 的蔗糖溶液，使其复水。为了确保乳酸菌仅在太空微重力条件下生长，项目组采用福尔马林作为固定剂，用来终止细菌生长并保存细菌。实验样本返回地球后，将对其和地面对照样本进行比较。返回地球后，使用偏振显微镜来检查乳酸菌的浓度，并使用流式细胞分析仪进行详细浓度分析和特征分析。如果搭载实验发现，太空中实验的细菌比地球上对照实验的数量多，那么我们的假设就能得到证明。

（本实验在 SSEP 第 4 次和第 8 次任务中搭载飞行）

点评：益生菌是人体必不可少的菌群，益生菌菌群的平衡对于人体健康十分重要。在太空微重力环境下，益生菌的生长和繁殖很可能会受到影响，因此，掌握益生菌在微重力条件下的生长规律，可以帮助执行飞行任务的航天员维持体内菌群的平衡，确保航天员的身体健康。本项目组选择了大家熟知的乳酸菌开展研究，从实验过程描述和检测方法来看，同学们非常专业，具有丰富的相关背景知识。

◎ FME: 流体混合试管 (Fluid Mixture Enclosure) ◎

FME 是一种非常简单的迷你实验室，设计用来携带少量的流体和固体样本。进入轨道后，通过样本在轨混合，就可以开展微重力对试管中的物理、化学或生物系统的影响研究。FME 为硅胶管，可以利用最多两个夹子分割成更小的空间，从而形成一个、两个或三个独立的可携带流体和/或固体的空间。第一类试管只携带一种实验样本，不用夹子；第二类试管可携带两种实验样本，由一个夹子进行分割，但两部分的体积不一定相同；第三类试管可携带三种实验样本，由两个夹子进行分割，三部分的体积也无需完全相同。因此，也可将 FME 看成是可以在轨进行混合的一个、两个或三个小试管。FME 试管的长度为 170mm，外直径 13mm，内径 9.5mm。FME 一般放置在特制的载荷箱中，每个载荷箱可放置 12 个 FME。一次可以飞行多个载荷箱，以满足更多的实验需求。进入轨道后，载荷箱一般会放置在日本希望号实验舱的机架上。在预定的时间，航天员打开夹子，使得相邻的空间进行混合，为确保充分地混合，可请航天员按要求的次数晃动试管。

纳米货架（NanoRacks）公司向每个参与竞赛的社区都提供 5 个 FME 套件，其中 1 套用于搭载实验，剩余的 4 套可用于演示和评估 FME 操作、设计、优化试验，以及开展地面对照实验。因此，FME 套件也是一种非常特别的实验设计工具。研究小组提交的所有实验设计，都应当利用标准的实验室试管进行实际测试，以评估实验的可行性。这些测试的数据要放入实验设计书中。实验设计入选后，学生实验小组再利用真正的 FME 进行试验评估和优化，最终锁定飞行实验的配置。学生小组一般需要至少 2 个月的时间在飞行硬件中进行设计优化。纳米货架公司还提供视频，详细说明 FME 试管的组装、装载和封装。

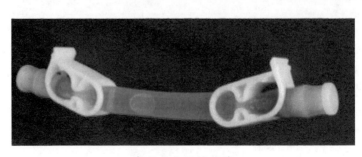

有两个夹子的试管

6. 微重力下霉菌的繁殖速度

霉菌是丝状真菌的俗称，意即"发霉的真菌"，它们往往能形成分枝繁茂的菌丝体。在潮湿温暖的地方，很多物品上长出的一些肉眼可见的绒毛状、絮状或蛛网状的菌落，就是霉菌。霉菌繁殖迅速，常造成食品等霉腐变质，但也有许多有益种类被广泛应用，是人类文明中最早被认识和利用的一类微生物。

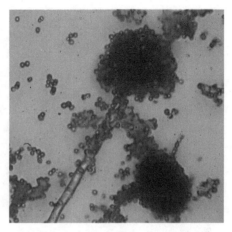

霉菌

本项目组的同学们提出研究微重力是否影响霉菌的繁殖速度。他们的假设是：霉菌的繁殖速度会降低，因为孢子不适应微重力环境，所以不会很好地生长。本实验使用的材料包括类型 3 的 FME 试管、葡枝根霉孢子（Rhizopus stolonifer sproes）、土豆葡萄糖琼脂和嘌呤霉素溶液。在主管里面放置 5mm 的琼脂，短管 A 里面放置孢子，短管 B 里面放置嘌呤霉素溶液。进入国际空间站 24 小时后，将短试管 A 的夹子打开，启动实验。微重力暴露 4 天后，航天员将短试管 B 打开，释放嘌呤霉素溶液，终止生长。如果霉菌的繁殖水平达到"繁荣"的水平，那么就会改变你关于食物在太空中变质的看法。我们知道，土豆葡萄糖琼脂会影响霉菌繁殖速度，因为霉菌更习惯在面包上而不是琼脂中生长，此外，琼脂之前未受到污染，也会是一个影响因素。得到实验数据后，与地面对照样本进行比较。

（本实验在 SSEP 第 2 次任务中搭载飞行）

点评：食物发霉变质是我们日常生活中常见的现象，微重力太空生活中，同样存在食物发霉变质的问题。研究微重力下霉菌的繁殖规律，可以帮助我们了解太空中食物发生变质与地面有何不同，从而帮助食品的保存，维持良好的太空生活。

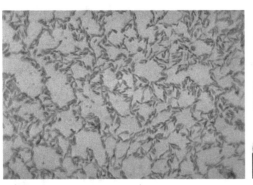

7. 微重力对水生金黄杆菌生长的影响

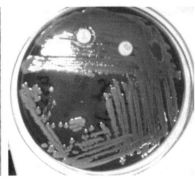

水生金黄杆菌

本项目组的同学们认为，水生金黄杆菌（Chryseobacterium aquaticum）非常独特，它能存活于地球上的严酷环境中，还能产生抗菌蛋白酶以及促进植物生长，因此，对于未来深空探索是有益的。

同学们提出的实验建议与已经在太空开展过的实验有什么不同呢？已经知道，在微重力条件下，细菌生长得更快、更多，但水生金黄杆菌呢？本研究的题目是"微重力对金黄杆菌生长的影响"。同学们的假设是，如果水生金黄杆菌进入微重力环境，它会生长得更快，因为过去的实验已经证明细菌在太空生长更有效率。同学们选择了类型3的FME试管，使用的材料为纯种水生金黄杆菌培养物、营养肉汤和福尔马林。进入轨道后，当航天员打开夹子使营养琼脂和水生金黄杆菌混合时，就启动了生长过程。生长期结束时，航天员将另一个夹子打开加入福尔马林，就可以停止生长。返回地球后，对细菌菌群计数，精确分析其生长，并与地面样本进行对照比较，同学们希望得到的知识能为将来的太空探索提供帮助。

（本实验在 SSEP 第 3 次任务中搭载飞行）

点评：探索微生物在太空中的生长规律，是学生搭载实验的一个重要选题方向。同学们选择水生金黄杆菌作为研究对象，是因为看到了其在严酷环境中的生存能力，以及产生抗菌蛋白酶以及促进植物生长酶的能力，而未来的深空探索，要面临的就是非常严酷的自然环境。

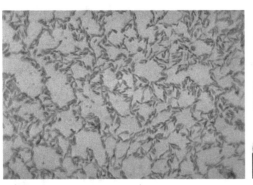

8. 微重力如何影响放射根瘤菌的生长

放射根瘤菌（Rhizobium Radiobacter）是一种能引起"植物癌症"（也叫"冠瘿病"）的细菌。它有一段 T-DNA 可将自己植入植物的 DNA 中，这就引起植物细胞变化和膨胀，形成肿瘤，这是细胞基因组变化的结果。冠瘿病主要发生在幼苗和幼树干基部和根部，初期在被害处形成表面光滑、质地柔软的灰白色瘤状物，后期形成表面粗糙并龟裂、质地坚硬的大瘤。受害植物生长衰弱，甚至生长趋于停滞，叶片发黄、早落，直至枯死。

向日葵植株上的放射根瘤菌

本项目组同学们提出，研究微重力对放射根瘤菌生长的影响，以丰富微重力对放射根瘤菌生长影响方面的知识。该实验主要研究该细菌生长速度的变化，以及内毒素的分泌是否受到影响。典型的情况是，内毒素的水平越高，细菌的生长也越多。因此，这也是实验结束后需进行分析的一个重要因素。此外，一种叫做乙酰丁香酮的物质可以抑制细菌生长，降低某些菌株的毒性。为了解决放射根瘤菌生长过度并最终导致细菌饥饿和死亡的问题，选择了 C58 菌株进行试验，因为乙酰丁香酮可以抑制这种菌株的生长。

（本实验在 SSEP 第 7 次任务中搭载飞行）

点评：未来的长期太空生活，或者移民其他星球时，包括各种动植物的受控生态系统可以为航天员提供源源不断的食物和氧气。在地球上，植物会因为各种细菌而生病和死亡，在太空中也是一样的。同学们提出研究放射根瘤菌在太空微重力下的生长情况，可以为防治该病菌在太空引起植物的病害奠定基础。

9. 微重力对马铃薯抵抗致病疫霉菌的影响

致病疫霉菌（Phytophthora Infestans，也叫马铃薯疫病菌）是一种真菌类原生生物，曾经引起世界上很多作物的绝收，包括历史上的爱尔兰土豆大饥荒。这种原生生物入侵叶子，然后传播到块茎，几天内就可引起植物的死亡。除非快速进行处置，被感染的植物很快就会将疾病传染到整个地块。马铃薯疫病不能被杀死，但是人们发现有些马铃薯天生具有抵抗这种原生生物的能力。

本项目组研究的主要目的是：确定微重力如何影响马铃薯对疫病的抵抗情况。考虑到未来太空作物种植的潜在需求，将获取的这些知识扩展到微重力农场，将很有帮助。关于微重力对马铃薯的影响我们知之甚少，对于抗病的马铃薯我们更是不了解。本实验中，在国际空间站上将一小块抗病马铃薯暴露于病菌中，同时在地面正常重力环境下进行对比实验。过去的研究显示，核盘菌家族的其他成员在微重力中表现出毒性的增加。本实验的第二个目标是研究对疫病具有天然抵抗力的土豆品种如何防护自己不被感染。本实验将丰富某些土豆的抵抗机理。我们推测，本实验的结果将证明抗病土豆在微重力下比地面更容易患病。

（本实验在 SSEP 第 9 次任务中搭载飞行）

点评：土豆是对人类非常重要的作物，是我们日常生活中的一种重要食物来源。未来的太空农场中，肯定会有土豆的身影。在深圳 4 人 180 天受控生态生保系统集成试验中，土豆就是其中一种重要作物。了解在太空中土豆的抗病性能，不仅可以为太空农场的建设奠定基础，而且也可以利用获取的知识使地球上土豆的种植受益。

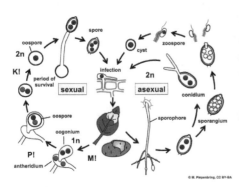

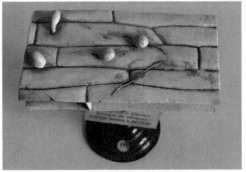

马铃薯致病疫霉菌的传播过程

受到感染的马铃薯植物

10. 微重力下青霉菌的生长速度

　　青霉素是一种从青霉菌中提炼出来的抗菌素，是指分子中含有青霉烷、能破坏细菌的细胞壁并在细菌细胞的繁殖期起杀菌作用的一类抗生素。青霉素于1928年被发现，发现的过程充满了偶然性。英国细菌学教授弗莱明研究导致人体发热的葡萄球菌时，由于盖子没有盖好，培养细菌用的琼脂上附了一层青霉菌。弗莱明发现青霉菌近旁的葡萄球菌忽然不见了。这个偶然的发现导致了青霉素的历史性发现。青霉素拯救了无数肺炎、脑膜炎、脓肿、败血症患者的生命。青霉素是由特定

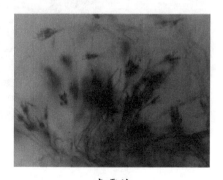

青霉菌

青霉菌自然分泌的抗生素或者抗生素群，但是现在通常通过合成制备。

因为青霉素非常重要，本项目组的同学们提出了"微重力下青霉菌的生长速度有多快？"的问题，这也是这个实验要回答的。他们的假设是，微重力下青霉菌的生长速度会更快。他们的实验计划是，在试管中加入苹果汁，置于黑暗潮湿环境中，3-4天后青霉菌开始生长，不必加入任何物质，非常容易操作。同学们提出这项实验，是因为青霉菌可以分泌出有用的药物，用来治疗细菌引起的感染。

（本实验在 SSEP 第 5 次任务中搭载飞行）

点评：在学生太空搭载实验中，研究微重力对微生物生长影响的项目很多，但是研究对象中较少涉及能产生抗生素的青霉菌。这种研究还是很有现实意义的，正如团队介绍的那样：因为青霉菌可以转化成有用的药物，用来治疗细菌引起的感染。

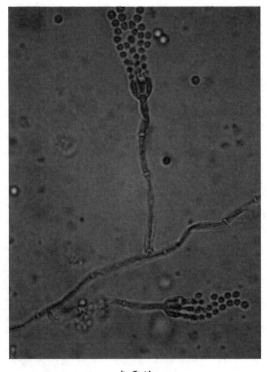

青霉菌

◎地面对照实验 ◎

地面对照实验要与轨道实验完全相同，唯一的差别是"在地面进行"这个因素，并且起始时间也要与在轨实验完全一样。微重力实验的目的是评估重力在物理、化学或生物系统中的作用，但是确定一个系统中微重力的作用，就需要将微重力下的飞行试验与地面同时开展的完全相同的对照实验进行比较。因此，地面对照实验是微重力实验设计中的一个重要组成部分。此外，实验小组可考虑设计多个地面实验，因为在地面开展相同的实验非常简单，并且可以提供更多数据，用于确定平均值，减少误差。地面对照实验，对于那些不能在轨终止的实验更加重要，因为这些实验在返回地球后，会继续进行，而重新暴露于地面正常重力环境会影响实验结果。但是，在国际空间站上进行的实验时间可能会远远长于返回后的实验样本交付时间，样本返回后所需的最长交付时间为 4 天，因此实验主要是在微重力下进行的，但也会有一定的重力暴露时间。与地面对照实验对比，可以评估微重力暴露造成的差异。

11. 微重力中的大肠杆菌

本项目组的同学们希望研究微重力对致病菌 DNA 的影响。设计将大肠杆菌细胞和提取的大肠杆菌 DNA 送入太空，大肠杆菌细胞在轨道飞行中进行复水，观察微重力条件下细菌的 DNA 是否退化以及退化的程度如何。

项目小组准备了两份实验，主要是因为复水的大肠杆菌细胞在提取 DNA 和分析前就存在死亡风险，这种 DNA 退化就不是微重力因素导致的。因此，还准备了小瓶子装满提前提取 DNA，确保它能够在整个飞行任务期间保持活性。当实验样本从国际空间站返回后，从复水的大肠杆菌细胞中提取 DNA，然后用限制性内切酶来制作基因组的 DNA 指纹，并用水平凝胶电泳分析结果。第二个实验中，对飞行前提取的大肠杆菌 DNA 也使用相同的限制性内切酶并用凝胶电泳分析，比较结果。通过分析 DNA 指纹，就可以知道是否发生显著的退变，从而使细菌的 DNA 指纹发生改变。

（本实验在 STS-134 次任务中搭载飞行）

点评: 同学们选择了对日常生活有较大影响的大肠杆菌作为研究对象，研究微重力对致病菌 DNA 的影响，具有非常强的专业性，可见该项目组同学们具有深厚的知识储备。

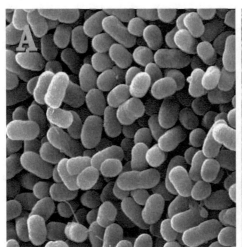

大肠杆菌

12. 宇宙射线是否增加酵母 DNA 的变异率？ 绿茶中的抗氧化剂是否降低 DNA 的变异率？

通过服用抗氧化剂补品是否可以降低航天员患癌症的风险？针对这个提问，项目组的同学们提出研究宇宙射线是否会增加酵母 DNA 的变异率，以及绿茶中的抗氧化剂是否降低 DNA 变异率的问题。

最初，团队希望对人体细胞进行测试，但是由于受条件限制，他们发现人体细胞还没有进入太空就已死亡。

绿茶

细胞不能生存的直接原因是：没有足够的氧气、不能代谢废物、没有足够营养、没有合适的温度。因此，选用了酵母细胞作为研究对象，选择酵母作为人体细胞模型主要原因是它们与人体细胞类似，并且易于操作。

同学们测试盐水中的酵母以及盐水中加入从绿茶中提取的抗氧化物的酵母，看抗氧化剂是否能够为微重力中遭受宇宙辐射的酵母提供防护。在地面，同学们开展完全相同的对照实验。实验结果能显示，辐射是否增加了酵母细胞的损伤率，以及抗氧化剂是否能降低对细胞的损伤。同学们的假设是，辐射会增加酵母 DNA 的变异率，绿茶中提炼的抗氧化剂能够降低 DNA 变异率。

（本实验在 SSEP 第 3 次任务中搭载飞行）

点评：太空中不仅是微重力环境，还存在着宇宙射线的辐射，辐射会增加航天员患癌症的风险，因此，本项目组提出的选题问题导向明确。绿茶以及抗氧化剂是一个防癌的热门话题，如能证明绿茶中提炼的抗氧化剂能降低 DNA 变异率，则未来航天员就会多一种防癌的补品。虽然酵母细胞与人体细胞存在不少差异，但研究结果和数据还是很有参考价值。

13. 大肠杆菌 K-12 在生菜上的附着

太空中的环境对人体有着深远的影响，所有的生命体都受到微重力的影响。在这个实验中，这个小组选择了研究微重力对大肠杆菌 K-12 附着率的影响。过去的研究已经证明，微重力增加了细菌的繁殖速度，而同学们要研究微重力对附着率的影响。同学们假设微重力会抑制大肠杆菌附着宿主的能力。如果航天员暴露于致病菌株，大肠杆菌附着率的降低则是件好事。但是，这种降低对人体也可能产生很大危害。位于结肠部位的大肠杆菌共生菌株附着如果受到抑制，对人体健康会有危害，因为它们帮助食物的消化、吸收以及维他命 K 的形成。大肠杆菌 K-12 是一种提炼出的实验室大肠杆菌菌株，可附着在生菜上。在太空中，同学们将生菜暴露于大肠杆菌 K-12 几天时间。实验结束前，同学们将大肠杆菌 K-12 和生菜用固定剂福尔马林处理，杀死细菌细胞，并冻

结在其位置上，返回地球后进行精确分析。研究大肠杆菌 K-12 附着率对于推进太空探索的科技进步具有重要意义。

（本实验在 SSEP 第 6 次任务中搭载飞行）

点评：研究大肠杆菌的附着率这个课题很有意义。附着率是一柄双刃剑，如果微重力条件下附着率降低，那么食物上面的大肠杆菌就会减少，可以减少因大肠杆菌引起的各种疾病，对航天员的健康来说是个福音；同时附着率降低，也会导致体内大肠杆菌共生菌数量发生变化，进而影响人体正常的消化吸收，又会对身体产生负面影响。

生菜

大肠杆菌

14. 微重力对酵母细胞分裂的影响 及其与人类癌细胞的关系

本项目研究微重力对酵母分裂速度的影响。根据德州大学西南医学中心 Derek Smith 的推荐，项目组计划使用酵母细胞作为工具，为更复杂的细胞如人体癌细胞的细胞分裂过程建模。实验使用类型为 3 的 FME 试管，第一个小空间放置酵母微生物；第二个放置酵母生长基，YPD 培养基，这也是通常在地球实验室生长细胞时使用的；第三个为戊二醛固定剂，用于终止生长并固定结果，以便和地面对照实验进行比较。从实验的结果我们就可以知道微重力对细胞分裂的可能影响。如果分裂速度变慢或停止，就可以提示用于研究癌症细胞的方法。与德州大学医学中心研究人员沟通时，他们说"科学家和医生一直在寻找治疗人类癌症患者的方法。如果我们发现微重力可以引起癌症细胞生长缺陷，也许可以作为癌症患者的治疗选项"。

（本实验在 SSEP 第 6 次任务中搭载飞行）

点评：癌症的发病率不断提高，已成为当今世界严重影响人类健康的恶性疾病，至今没有被攻克。本项目组的同学们，提出研究微重力条件下细胞的分裂速度变化，希望为癌症的治疗提供新的思路和方向，这种尝试是值得肯定的。

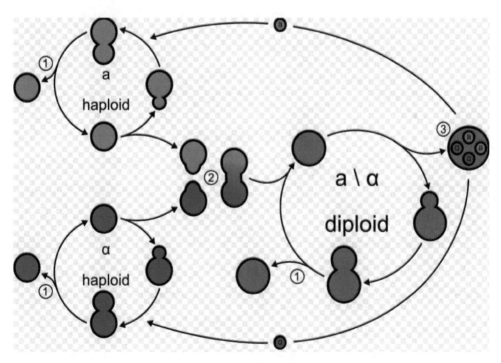

酵母生命周期

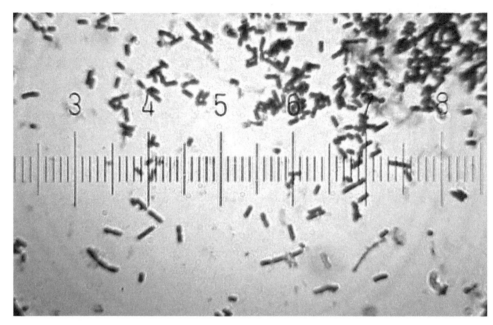

嗜酸乳杆菌

15. 微重力如何影响益生菌类药物的存储

在地球上，益生菌药物包括嗜酸乳杆菌细胞，和人肠道中的细菌一样。本实验将研究暴露在微重力及微量辐射太空条件下的益生菌会发生什么变化，是会增加嗜酸乳杆菌的生长，还是使细胞死亡？地面上也进行同样的对照实验，包括两种类型的益生菌溶液和片剂。存储期过后，益生菌从太空返回地球，所有益生菌都放到培养皿中，在培养箱内培养2周时间，对培养皿进行检查比较哪个生长的乳酸菌最多。收集到的数据将能回答太空飞行对益生菌存储的影响。太空旅行是我们的未来，需要为航天员的健康提供功能完全的药物保障。

（本实验在 SSEP 第 8 次任务中搭载飞行）

点评：益生菌类药物已经在俄罗斯航天员中有了较好的应用，本项目小组的同学们提出了，研究在太空中进行一定时间的存储后，会对其效能有何影响。这个实验中得到的知识，对于长期太空旅行中，确保药品具有完全功能，有着很好的参考价值。

16. 微重力条件下嗜酸乳杆菌的生长速度

在地球上，龋齿是一个很大的牙科问题。嗜酸乳杆菌是造成龋齿问题的主要原因，该细菌与口腔中的蛋白质混合就形成了一种叫做噬斑的物质。一旦细菌吃完了口腔中的残余食物，它们就会分泌乳酸，溶解口腔牙齿的钙和釉质，这个过程就会导致蛀牙。

嗜酸乳杆菌通常可以在蛀牙中发现，背后的原因是外层牙釉质结构被腐蚀掉了。一旦嗜酸乳杆菌进入牙质，就会加速腐蚀过程；如果不进行治疗，就会导致牙神经和血管死亡。

该项目的同学们提出，测试嗜酸乳杆菌在微重力条件下的生长速度和地面的生长速度之间的差别，确定嗜酸乳杆菌在太空的生长速度是否变快。同学们将不同比例的细菌和胰蛋白酶琼脂装入 FME 试管，在轨混合成不同浓度，并开始生长实验，地面同步开展对照实验。从太空返回后，测试并比较天地生长速度的差异。

（本实验在 STS-135 次任务中搭载飞行）

点评：牙齿的健康在地面和在天上，同样都很重要。掌握嗜酸乳杆菌在微重力环境下生长速度的变化，有助于了解太空中龋齿的发生和演变规律，有利于维持航天员的牙齿健康。该团队的同学们提出这样的选题，可以看出他们对口腔健康非常关注，平时也一定有良好的口腔卫生习惯！

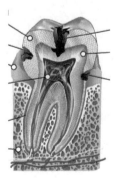 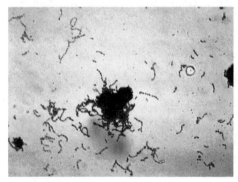

嗜酸乳杆菌

17. 微重力对嗜酸乳杆菌生长及 pH 值的影响

　　嗜酸乳杆菌存在于人的肠道，可帮助维持肠道健康。嗜酸乳杆菌也曾用于治疗某些胃肠疾病。它们也可作为益生菌，常见于发酵的奶制品和其他食品。已证明微重力可以影响骨密度，因为微重力条件下骨中钙会流失。这就降低了骨骼支撑体重的能力，这就是废用性骨质疏松。另外一个微重力的影响就是废用性肌肉萎缩，因为航天员不需要对抗重力，因此肌肉会逐渐减少。本实验的设计是为了测试微重力如何影响嗜酸乳杆菌的生长，从而确定航天员是否需要补充益生菌，以维持消化健康，预防骨丢失。如果消化不正常，骨骼肌肉系统就不能正常工作。

（本实验在 SSEP 第 2 次任务中搭载飞行）

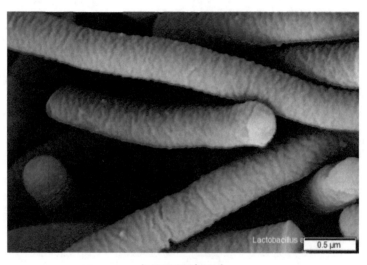

电子显微镜照片

点评：嗜酸乳杆菌是引起龋齿的元凶之一，另一方面，它也能帮助维持肠道健康，还因此可以帮助对抗失重对人体的负面作用。本研究从益生菌的角度研究嗜酸乳杆菌在微重力下的生长及 pH 值的变化，但实验的具体步骤有些过于简要。

18.微重力对葡萄酒发酵的影响

本项目组的实验目的是研究暴露于微重力后的发酵速度。同学们认为,当物体处于微重力条件时,它一直进行"自由落体运动",因此会持续地移动葡萄汁和酵母。当葡萄中的糖和酵母混合后,因为缺少氧气,就开始发酵,然后就分解产生酒精和二氧化碳。微重力会持续地移动溶解液中的细胞,因此会加速或减慢发酵过程。同学们采用滴定分级法测定发酵,通过测试溶液中溶解的二氧化碳,就可以比较在重力环境和微重力环境下二氧化碳含量的差别,二氧化碳多表明发酵速度就快。

（本实验在 STS-134 次任务中搭载飞行）

点评:红酒不仅能增加人们的生活情趣,适量饮用还有利于身体健康。如果太空中能够直接酿造红酒,应当别有一番风味。尽管这个实验小组同学们的实验描述比较简单,但是内容很有针对性,在实验设计上,通过测量二氧化碳含量来确定发酵速度,简单易行。

酿造红酒

19. 微重力对酿造啤酒有何影响

在太空中，将啤酒的四种主要成分（麦芽大麦、啤酒花、酵母和水）进行混合会酿出酒吗？我们提出这个问题，是希望用啤酒来代替通常的水，因为酒精能够消灭正常水中的细菌。如果发生了应急情况，所有的水都被污染了，酿造啤酒可以对水消毒，这比采用特殊药物对水进行净化成本更低。因为酒精能够杀灭细菌，还可用于伤口消毒，本项实验得到的结果，对于医学和救生都是有用的参考信息，而且这个实验很容易操作，对航天员的介入需求也较少。实验将通过比重计来观察判断酵母－糖是否反应生成了酒精。

（本实验在 SSEP 第 4 次任务中搭载飞行）

点评：酿酒的实验已经有项目组提出过了，但是这个小组的同学们更富有想象力，研究的内容是太空中能否酿造出啤酒，而目的却是为了水的消毒，通过酿造啤酒的方式对受到污染的水进行消毒，取代用特殊药物进行消毒的方式。这个方法也许不错，但航天员应要有相当不错的酒量才能"以酒代水"。

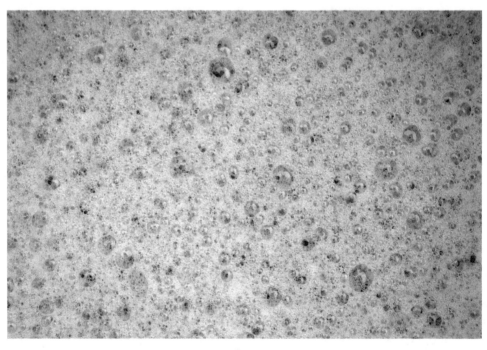

啤酒

20. 微重力是否增加蜂蜜的酵母发酵率

蜂蜜

蜂巢

同学们要测试微重力对酵母在粘稠蜂蜜／水介质中的酒精产量。酵母是一种单细胞生物，当酵母消耗单糖如葡萄糖时，副产品就是二氧化碳和酒精。酵母不能单独依靠糖生活，它在有其他养分的环境中更活跃。蜂蜜有许多这样的养分，但是对于发酵，蜂蜜却很有抵抗力。纯蜂蜜会发酵，但是在地球上要三个月到一年时间。同学们认为，进入到微重力环境后，酵母的发酵会加速，因为分子会处于一种不断自由落体的状态，从而增加反应速度。同学们测量样本的具体重量，并用布里糖度量表确定剩余糖浓度。飞行和地面两种样本将进一步使用 pH 计进行分析，确定样本酸度。比较酸度也可以获知哪个溶液产生更多酒精。在地球上，酵母发酵可用来生产各种酒精饮料。但是酒精也有很多其他用途，例如作为多种食物生产中的抗菌剂，抗菌剂对于医疗杀菌也非常重要。如果数据显示微重力下酒精有更高的产量，那么空间站就会拥有许多重要生活必需品的可持续来源，而且对于微生物在微重力下会如何表现，会有更深入的理解。

（本实验在 SSEP 第 5 次任务中搭载飞行）

点评：关于酵母微重力下的发酵研究，已有不同小组的同学提出过红酒和啤酒的发酵项目，并进行了飞行。本小组提出的是在粘稠蜂蜜／水介质中的酒精产量，也是一个新的方向，并且其项目的解释说明更加深入，测量方法也有不同，能够脱颖而出也在意料之中。

21. 微重力如何影响合成胰岛素的生产

本实验研究微重力对于转基因酵母生产胰岛素的影响。酿酒酵母经过转基因可以生产合成胰岛素，这些胰岛素每年都帮助挽救无数人的生命，尤其是诊断为一型和二型糖尿病的病人。本项目将转基因酿酒酵母样本送入国际空间站，让其生产合成胰岛素，返回前，和地面对照实验比较胰岛素产量的差别。

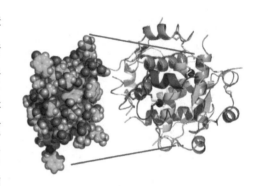

胰岛素结构

同学们的假设是：酿酒酵母在太空微重力条件下能比地面生产更多的合成胰岛素，因为在太空环境下，转基因酵母可以更容易地繁殖。如果发现产量没有明显变化或者产量大幅增加，那么未来长期太空飞行就可以为糖尿病人开放了。

（本实验在 SSEP 第 7 次任务中搭载飞行）

点评：糖尿病是发病率很高的常见病，人工合成胰岛素是治疗糖尿病必不可少的药物。人类不会一直呆在地球这个摇篮里，未来移民外太空是必然选择，是否可以保证星际移民中糖尿病人的安全？如果治疗糖尿病的人工胰岛素在外太空可以正常生产，这个问题就容易解决了，该项目组的同学们就是瞄准了这种未来的潜在应用，设计了这个实验。

22. 微重力条件下变异链球菌的乳酸生产

本实验成功后，有可能为航天员寻找到更加有效的方法保持牙齿健康。本实验中观察的因素是变异链球菌在微重力条件下是否产生更多的乳酸，以及上述细菌的繁殖速度是否受到了太空微重力的影响。口腔卫生问题也会导致身体其他部位的疾病。如果证明变异链球菌在微重力条件下比在地球上更加活跃，那么航天员的消毒习惯就需要进行修改。前期的研究也证明了这样的假说，蛀牙在太空中更容易发生，因为微重力影响了变异链球菌。

（本实验在 SSEP 第 9 次任务中搭载飞行）

点评：本实验聚焦的是牙齿健康问题，观察微重力条件下，变异链球菌乳酸生产量的变化，并观察其繁殖生长速度的差别。我们知道乳酸是引起牙齿问题的直接原因，掌握微重力下细菌乳酸产量变化，有利于维护在轨航天员牙齿健康。

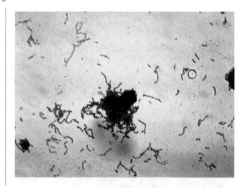

变异链球菌

23. 微重力下的希瓦氏菌和铁离子

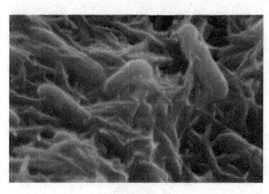

希瓦氏菌

本项目小组的同学们希望了解在微重力条件下，希瓦氏菌是否能够像正常重力条件下一样去除水中的金属离子。水是人生命不可或缺的物质，但是很多重要的水源中都有金属。许多人没有意识到他们使用的水中包含重金属的污染。过量的重金属会损伤人体的重要器官如大脑和肝脏。本实验将测试希瓦氏菌如何去除受到污染的水中的重金属。如果结果符合预期，就可以帮助解决未来的水污染问题。首先，在希瓦氏菌接触前，测量水中铁离子的数量，这是在送入国际空间站前完成的。然后，测量希瓦氏菌接触后水中的铁离子数量，这是在实验返回地球后进行。项目组的假设是重力不会影响金属离子的去除过程，因此预期微重力实验中的铁离子数量与地面实验的数据是相同的。当两个实验都返回实验室后，比较溶液中的铁离子数量，以此比较希瓦氏菌去除铁离子的能力在两种不同重力环境下是否相同，是否受到了微重力的影响。

（本实验在 SSEP 第 9 次任务中搭载飞行）

点评：使用重金属污染的水，会对人体健康产生严重威胁。希瓦氏菌可以去除水中的金属离子。本项目组的同学们提出研究微重力条件下希瓦氏菌对金属离子的去除是否会有变化，这个实验取得的结果，有着很好的应用前景，可以帮助更好地实现太空中的水净化。

◎搭载实验流程◎

　　参赛获胜小组将流体混合试管（FME）样本装好后，邮寄或亲自送到纳米货架（NanoRack）公司在休斯顿的办公室。公司收到 FME 样本后，会用两层聚乙烯袋子进行热封，作为第二和第三层密封。密封好的 FME 装入有效载荷箱后，整体载荷交付 NASA，装入发射航天器中。返回地球后，密封的 FME 通过邮寄的方式交给学生团队，或亲自交付给在休斯顿的代表。之后，参赛小组就可以收获样本、进行分析研究，开展后续试验了。

装在箱子里的密封 FME 试管

24. 以酵母为模式生物研究微重力下 COX-2 酶的生产

　　结肠直肠癌（CRC）是美国地区的高发疾病，研究显示，每20人中每年有1人会患CRC。这种癌症是因为结肠、直肠或阑尾部位细胞不受控制地生长。CRC是美国导致死亡排名第二的疾病。统计显示，90%的CRC患者会死亡。研究还显示，COX-2酶在85%的CRC患者中会升高。在人体测试研究中，阿司匹林已证实可以抑制COX-2酶的生成。COX-2的过度表达会造成炎症以及失去控制的细胞增殖，从而可能会引发肿瘤形成。当细胞的损伤可能会引起癌症时，在真核生物中就会出现一种叫做细胞凋亡的过程，引起细胞程序性死亡（细胞自杀）。酵母是常用于癌症研究的模式生物。本研究中使用了一种叫做酿酒酵母的酵母，因为它能产生COX-2酶，并且对阿司匹林具有自杀反应（凋亡）。微阵列分析方法将用于测量酵母中数千种基因的mRNA水平，包括参与COX-2生产以及细胞程序性死亡启动的基因。本研究的具体目标就是通过微阵列分析方法评价酿酒酵母的基因表达。通过统计分析，发现地面对照与微重力飞行组的差异。

（本实验在 SSEP 第 7 次任务中搭载飞行）

点评：项目小组的同学们来自美国，结肠直肠癌是导致美国人死亡排名第二的疾病，因此选择了这个疾病作为大的研究方向。同学们采用了酿酒酵母作为模式生物，研究微重力对COX-2酶生产的影响，而这种酶在结肠直肠癌症病人体内含量有明显升高，本研究结果对于了解和治疗这种癌症，提供了有用的参考信息。

实验准备

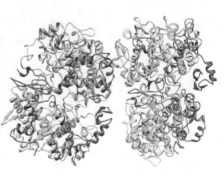

COX

25. 微重力下用枯草杆菌生产抗生素

　　这个实验的目的是观察与地面环境相比，微重力条件下枯草杆菌生成抗生素的变化。实验过程中，项目小组的同学们将冻干的细胞样本、培养基以及生长抑制剂送入太空，在 FME 试管中，它们之间用夹子分开。从国际空间站（ISS）返回前 2 周，航天员打开夹子 A 进行混合，激活的枯草杆菌然后又用夹子分成两部分。返回前 2 天，航天员打开夹子 B，将一部分激活的枯草杆菌样本与生长抑制剂进行混合。因此，培养基和枯草杆菌混合后，同学们就可以比较微重力对已激活的和未激活的枯草杆菌的影响。加入生长抑制剂非常重要，因为同学们可以据此观察枯草杆菌是否可以保存，并可以在需要时被重新激活，这样就能确保在没有地面支持的情况下，随时能够提供治疗。同时，同学们在地面开展了完全相同的地面对照实验，将得出的数据进行天地对比。

（本实验在 SSEP 第 5 次任务中搭载飞行）

　　点评：抗生素是治疗感染的重要药物，了解微重力下抗生素的生产情况，对维护进行长期飞行航天员的身体健康具有重大意义。本实验小组同学们设计的实验很全面，不仅比较了微重力对激活和未激活枯草杆菌生成抗生素的影响，还测试了生长抑制剂的作用，并在地面开展对照实验，进行天地数据对比。

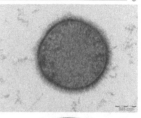

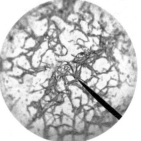

枯草杆菌实验

26. 微重力下聚羟基脂肪酸酯的生产

在微重力条件下，罗尔斯通氏菌是否还能维持其生产聚羟基脂肪酸酯（PHA）的能力？PHA是一种生物可降解聚酯，可用于许多方面，如医学结构、静脉膜瓣置换等。在地球重力环境下，PHA对人体无毒，可安全用于医疗目的。

PHA是由甲基和乙基构成的短化学链，由细菌发酵产生。本实验中，产生PHA的细菌为罗尔斯通氏菌，是几种能产生PHA的细菌之一。它通过细菌性发酵产生PHA，这个过程中，细菌在培养基中将碳源分解并产生PHA小球或塑料。

本实验将确定罗尔斯通氏菌在零重力下是否能维持PHA的生产能力。如果暴露在微重力环境下之后，细菌能够制造PHA，就可以在太空生产多种医用部件如医学结构、置换静脉瓣膜、皮肤移植等。在太空中的这种医用补给的生产，将极大地提高对航天员的医学保障水平。

实验现场

（本实验在SSEP第5次任务中搭载飞行）

点评：对于普通人而言，聚羟基脂肪酸酯（PHA）是一个陌生而又专业的名字，但是它在医学中有着广泛的应用。而PHA是由细菌发酵产生的、本项目组的同学们提出了研究罗尔斯通氏菌在微重力下是否能维持PHA的生产能力，实验结果对于实现太空中部分医用补给的生产，提高在深空探测条件下对航天员的医学保障水平，具有重要参考价值。

27. 微重力对溶菌酶抗菌性能的影响

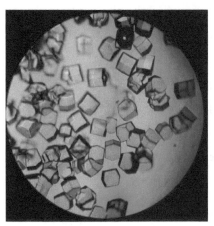 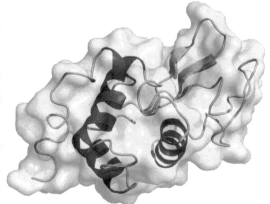

溶菌酶

溶菌酶天然存在于眼泪、口水、胃黏液和人母乳中，植物和动物器官如蛋清中也存在溶菌酶。溶菌酶可以防护沙门氏菌、大肠杆菌和假单细胞菌，是自然免疫系统的重要组成部分。本研究的目的是确定微重力如何影响溶菌酶的抗菌性能。

研究小组的同学们认为，溶菌酶非常重要，关键之处在于理解太空飞行和微重力环境对其抗菌性能的影响。虽然目前细菌暴露于太空中还没有产生大的威胁，但是将来随着更多的人员进入太空，产生威胁的风险将会大大增大。如果研究发现，微重力条件下溶菌酶的抗菌性能降低，航天员就需要其他形式的额外防护。如果发现其抗菌性能增加，溶菌酶就可以用来抵抗更强的细菌。

研究小组设计测试了溶菌酶对大肠杆菌 K-12 的抗菌性能，并研究溶菌酶在微重力下是否变性。为了测试其抗菌性，研究小组首先在琼脂板上培养大肠杆菌 K-12，然后用溶菌酶冲洗琼脂板。实验中使用了三种溶菌酶样本，一种样本曾暴露于微重力环境中，另外两种在地面生长。研究小组使用薄层色谱法对每种样品进行实验，以确定溶菌酶是否变性。

（本实验在 STS-134 次任务中搭载飞行）

点评：载人航天飞行任务中，维持航天员的健康和工作效率十分关键。在航天失重环境下，病菌会发生变异，并可能会产生高致病性的超级病菌。人的免疫功能在微重力环境下会下降，从而严重威胁航天员的健康。系统了解航天员在太空失重环境中免疫系统的变化，是航天医学的一个重要研究方向。本研究小组选取了免疫系统中的溶菌酶作为研究对象，探索微重力暴露后其抗菌性能的变化，有很强的实用性和问题导向性，是"小切口，大问题"。

28. 微重力对酒精消灭大肠杆菌的影响

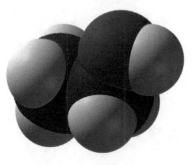

酒精

这是STS-134航天飞机任务中搭载的一项学生实验。同学们设计这项实验目的是，研究在太空中酒精能否像在地面一样杀灭大肠杆菌。他们推测，在太空中使用含酒精的洗手液应当比用肥皂和水洗手好，因为太空环境中水资源短缺，酒精洗手液在缺水条件下可能是保持个人卫生的一个好方法。

酒精饮料、汽油、漱口水以及许多其他常见清洁材料中都含有酒精。该实验选用了马德拉葡萄酒作为酒精来源，因为这款葡萄酒在航天飞机试验样品总清单中就有，并且它的酒精度相对较高，便于开展实验。

大肠杆菌是一种与我们日常生活关系非常密切的细菌，它寄生在人体大肠里，是一种对人体无害的单细胞生物。正常情况下，大多数大肠杆菌非常安分守己，不但不会给我们的身体健康带来危害，反而还能竞争性地抵御致病菌的进攻，甚至还能帮助合成维生素K2，与人体是互利共生的关系。虽然大肠杆菌在人体大肠内与人体是共生关系，但侵入人体其他部位时，可引起感染，如

腹膜炎、胆囊炎、膀胱炎及腹泻等。人在感染大肠杆菌后的症状为胃痛、呕吐、腹泻和发热。有些感染甚至是致命性的，尤其是对孩子及老人。在环境卫生不良的情况下，它们常随粪便散布在周围环境中，因此大肠菌群数常作为饮水和食物的卫生学标准。

酒精

如果研究结果能证明酒精在微重力下可以杀灭大肠杆菌，就有可能为将来的航天员提供一种免水洗的洗手方法以及生活区域的消毒方法，有效保护航天员的健康，减少航天环境下的感染。

（本实验在 STS-134 次任务中搭载飞行）

点评：健康问题是载人航天的第一要务，这个小组的同学们选择了一个很好的方向，研究的问题也非常具体，很有针对性。大肠杆菌在我们日常生活中经常碰到，是引起食物中毒和各种疾病的重要原因之一，酒精在地球上可以很好地杀灭大肠杆菌，但是在微重力下效果还一样吗？如果效果依旧，就像实验小组在提交的方案中说的那样，可以开发免水洗的酒精洗手液，用于缺水的太空环境中，帮助维持航天员的健康。

29. 微重力条件下过氧化氢对黑曲霉生长的影响

本研究小组提出的问题是：过氧化氢在太空中能否杀灭霉菌？他们给出的预测是肯定的，能像在地球上一样杀灭霉菌。他们在试验中使用了四种材料：黑曲霉（蔬菜和水果上常见的霉菌）、10% 的过氧化氢、麦芽汁肉汤和一个 FME 试管。在太空中开展实验时，将麦芽汁肉汤中霉菌孢子暴露在 10% 的过氧化氢溶液中，接触后，过氧化氢就会开始分解霉菌孢子，并可能会在几分钟内彻底杀灭孢子。快速杀灭霉菌非常重要，因为即使少量霉菌暴露也对呼吸十分不利，有时甚至还会引起哮喘发作。此外，很多人对黑曲霉过敏，所以需要在引起发病前快速去除它们。如果黑曲霉进入空间站的空气系统，过氧化氢能够像在地面一样快速杀灭它们，就可以用它来消毒。与其他消毒剂相比，过氧化氢的优势是，它不包含导致水污染的化学物质。而且，过氧化氢分解成水和氧原子，不包含任何航天员会吸入的有害化学物质，这是十分有益的。最后，如果实验成功，航天员就可以将过氧化氢带入太空，成为非常方便的清洁杀菌方式。

过氧化氢分子结构模型

（本实验在 SSEP 第 2 次任务中搭载飞行）

点评：消毒是太空生活中的一项重要工作，日常生活中蔬菜和水果变质后经常会出现黑曲霉，人吸入黑曲霉菌后会引起呼吸系统疾病。项目组的同学们从这个问题出发，提出了研究微重力下，过氧化氢是否能够像在地面上一样杀灭黑曲霉菌，从而寻找一条无污染的环保消毒方法。

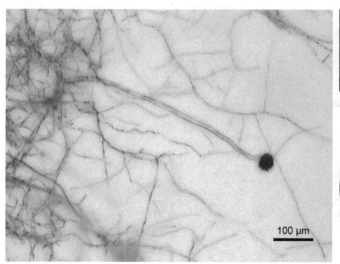

100 μm

霉菌

30. 微重力下细菌耐药性的变化

　　本项目小组的同学们提出了一个实验，研究微重力对细菌抗药敏感性的影响，提出使用苏云金杆菌作为细菌研究对象，因为这种细菌对人类不致病、容易得到，而且还是人病原体炭疽杆菌的近亲，每个人对这种致命的炭疽杆菌都充满恐惧。

　　项目小组计划用红霉素作为抗生素，因为大部分苏云金杆菌都对它有敏感性。首先，与其他消毒剂相比，让细菌在微重力中生长几天时间，然后在微重力环境下将其暴露于抗生素。回到地球后，我们将计算存活的细菌，并和地面对照实验结果进行比较。通过比较，就可以知道微重力是否对这些细菌的耐药性产生影响。据文献研究，人的免疫系统在太空中会变弱，而大部分细菌在太空都倾向于繁殖更快，因此了解微重力情况下细菌的耐药性变化，有利于航天员的健康。这个实验虽然有局限性，但是对于航天医学的发展还是有帮助的。如果细菌耐药性确实发生了变化，就可以开展更深层次的研究，分析变化的机理是什么。这也许会让我们更了解抗生素的作用原理及导致耐药性产生的因素。这一小步对人类医学可能是一大步。

（本实验在 SSEP 第 2 次任务中搭载飞行）

　　点评：耐药性是人类面临的一个大问题，这个小组的同学们提出以苏云金杆菌作为实验对象，考察微重力对该细菌对红霉素的耐药性的影响，实验结果对于更好地帮助维护航天员的健康，是非常有用的知识。而且苏云金杆菌危害性不大，在空间站开展实验不会对人员的健康造成威胁。

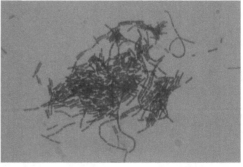

苏云金杆菌

31. 微重力对细菌生长的影响及其对抗生素的耐药性

我们知道在太空生长的细菌毒性更大，但是，它们对抗生素会有耐药性吗？该项目小组实验的核心目的是监测微重力对细菌生长的影响，以及微重力环境下细菌对那些地球上用于杀灭细菌生长的抗生素是否有耐药性。项目小组选择使用类型 3 的 FME 试管，可以很好地控制加入实验的不同"成分"的时机，从而得到更为精确的结果。FME 试管返回后，就到同学们高中的实验室进行分析。实验选用的细菌为葡萄球菌，是常见的引发多种感染的细菌。而选择的抗生素是环丙沙星，其成分可以有效杀灭此类细菌。

（本实验在 SSEP 第 3 次任务中搭载飞行）

点评：这个实验的描述比较简单，没有详细描述细节，这也没有关系。因为大部分类似的实验都采用了相同的实验设备和相似的实验过程，前面实验描述过了，可以简化些。本实验涉及的内容很重要，而且利用葡萄球菌和环丙沙星进行耐药性实验，在学生申请项目时尚属于首次，具有搭载价值。

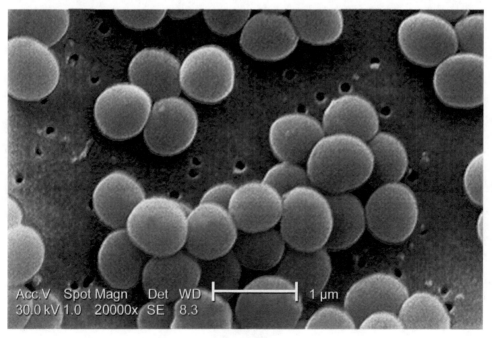

葡萄球菌

32. 微重力下细菌生长及抗生素使用的效果

　　世界上的每个人都暴露于大量细菌中。细菌可以导致感染和致命疾病。由于现代医学进步及清洗剂的出现等原因，现在生活在地球上的人类感染恶性细菌的可能性大大降低，并且能在感染后得到更好的治疗。当航天员进入太空后，没有洗衣机洗衣服、没有医院，并且清洁物品、水、治疗细菌的抗生素的数量都有限。航天员在太空会暴露于多种细菌，被感染的机会增加，而没有正确的抗生素治疗会非常危险。当皮肤被细菌感染后，会呈指数性生长，因此需要立刻用抗生素治疗，特别是在没有医院的太空中。为了保护航天员不受细菌感染，该项目小组的同学们提出测试抗生素（先锋霉素）在微重力环境下对皮肤细菌（表皮葡萄球菌）的杀灭效果。人类暴露于表皮葡萄球菌的可能性很高，其生活在人皮肤上，而且会引起严重感染。开始时伤口处的数量很少，然后会在肉中生长，这就是为什么了解微重力环境下抗生素效果如何如此重要，只有这样才能进行正确的治疗。实验后，同学们将细菌暴露于先锋霉素，然后观察存活的细菌菌株，并和地面对照实验中存活数量进行比较。这样，就可以了解微重力环境下这些抗生素的效果如何。

（本实验在 SSEP 第 3 次任务中搭载飞行）

> **点评**：正如前面所说，细菌在太空的耐药性研究是一个大课题，本项目小组的同学们提出了研究先锋霉素对表皮葡萄球菌的杀灭效果，这个选题在学生搭载实验中尚属首次。同学们对该项目的目的和意义说得比较透彻，特别是太空中的应用背景，可见他们提前进行了相当深入的研究。

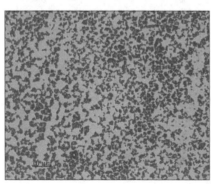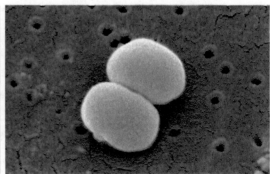

表皮葡萄球菌

33. 微重力对绿脓杆菌耐药性的影响

整个人类历史，细菌和疾病在每个文明中都曾经流行。随着首个安全抗生素青霉素的发现，现代医学取得了重大的进步。随着世界各国开始探索广袤的太空，他们必须要保证太空探索先驱者们的安全。在阿波罗 13 任务中，Fred Haise 受到了绿脓杆菌的感染，这种细菌存在于航天飞机的水箱中。

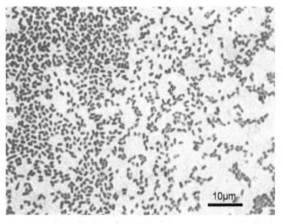

绿脓杆菌

绿脓杆菌可以生存于营养贫乏的地方如尘土和蒸馏水中，它对于免疫系统受损的人来说是致命的。其致病性并非科学家的唯一担心，它对于很多常见抗生素包括青霉素都有耐药性。随着太空飞行任务的逐渐增多，我们必须采取预防措施，确保航天员的安全，不被绿脓杆菌侵害。同学们将在天上和地面同时培养这种细菌，然后将它们暴露于不同抗生素中，测量其耐药性。抑制区就是绿脓杆菌受抗生素抑制而无法生长的区域，可以精确地显示绿脓杆菌对各种抗生素的耐药性。从抑制区的变化就可以看出飞行对其耐药性的影响。

（本实验在 SSEP 第 1 次任务中搭载飞行）

点评：这个选题仍然是关于太空中细菌耐药性的问题。这个项目小组的同学们选择了绿脓杆菌作为研究对象，一是因为这种细菌对很多常见抗生素都有耐药性，二是因为航天员曾经在飞行任务中感染过这种细菌。

34. 微重力下以 pGLO 质粒在大肠杆菌中 转化为手段测量抗生素耐药性

　　已经证明，细菌在太空中的生长和互动与地面有相当的不同。过去，NASA 曾将致病菌送入太空以观察其生长。但是，在微重力条件下对细菌产生的耐受抗生素耐药性的转化基因或质粒的研究十分有限。本研究的目的是，通过携带氨苄青霉素抗性基因的 pGLO 质粒在大肠杆菌宿主中的转移，来开展这个领域的研究。细菌生长以及抗生素耐药性转移实验在经过改造的类型 1 的 FME 试管中进行。在轨飞行期间，定期进行观察和测量。使用 pGLO 质粒是因为其具有在紫外（UV）光源下发光的特性，使用手提 UV 灯，肉眼就可以很容易地观察转化。本实验的结果可应用于对飞行任务中航天员治疗方法的修订，根据微重力条件下细菌的相互作用，可在任务前实现对免疫系统的调整。

（本实验在 SSEP 第 9 次任务中搭载飞行）

　　点评：据文献报道，pGLO 质粒上主要含有两个基因，一个为编码绿色荧光蛋白 (GFP) 的基因，一个为抗生素氨苄青霉素抗性基因。因此，通过手持 UV 灯可以方便地用肉眼观察转化。本实验小组的同学们对微重力下细菌耐药性的研究更加深入。

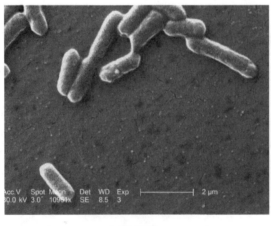

大肠杆菌

实验现场

35. 微重力环境下大肠杆菌 B 菌株 对氨比西林的易感性研究

　　本实验的目的是通过观察大肠杆菌 B 菌株细菌耐药性，来测试微重力条件下氨比西林的药效。在装入类型 3 的 FME 试管前，大肠杆菌首先在实验室环境中进行培养。进入太空后，大肠杆菌被释放出来与氨比西林接触。试管返回地面后，通过细胞计数装置检查活的细菌数量。搜集到的数据可以让我们确定微重力环境下氨比西林杀灭大肠杆菌的效果。

（本实验在 SSEP 第 8 次任务中搭载飞行）

点评：我们在日常生活中遇到的致病菌千差万别，能使用的抗生素也种类繁多。本实验研究的目的是了解微重力环境下氨比西林对大肠杆菌的杀灭效果。虽然实验的类型与过去的学生实验类似，但对象组合尚属首次，对丰富太空细菌耐药性及治疗知识，具有很好的价值。

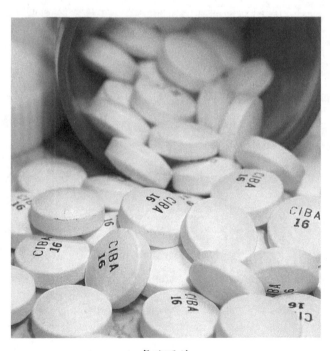

氨比西林

36. 微重力下碘片对大肠菌污染的水的作用

碘片

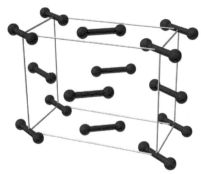

碘结构

本实验将研究微重力下碘片对于被大肠菌污染的水的作用。项目小组计划开展如下实验：在国际空间站"重力"被"关闭"的情况下，将碘片和被大肠菌污染的水混合在一起。

项目小组的设想是：研究碘片在微重力下的作用是否和在地球上开展的实验结果类似。他们同时在地面开展对照实验，天地实验的唯一差别是有无重力。两个实验都使用当地商店提供的水净化测试包，进行细菌样本的检查和测试。水样本返回地球后再次进行测试。进行实验的目的有两个：一是，国际空间站上水是通过过滤净化装置循环使用的，因为不能运送那么多水到空间站供航天员使用；二是，探索其他星球可能会发现未知水源，无论在太空还是在地球上，都有水处理的需求。

（本实验在 SSEP 第 6 次任务中搭载飞行）

点评：本项目小组的名称为大肠杆菌，而实际上，核心内容是被大肠杆菌污染了的水处理问题。碘片在地面也常用于水的消毒，特别是在遭受自然灾害或野外生存的特殊情况下。探索碘片在太空中的消毒效果，对未来的太空探索，特别是未知水源的处理，具有积极意义。

37. 微重力中的表皮葡萄球菌

　　耐甲氧西林金黄色葡萄球菌（MRSA）是一种对大部分抗生素都有耐药性的细菌。本实验将测试微重力下表皮葡萄球菌（SE）的自然抗生素耐药性是否有变化，SE 是 MRSA 的一个近亲，其感染性弱、处理更安全。同学们的假设是，在微重力下 SE 对抗生素的耐药性会变弱，因为国际空间站上的微重力环境对细菌有负面影响。SE 细菌必须适应新的环境，使得抗生素杀灭细菌更加有效。曾经将 MRSA 送入国际空间站，目的是开发用于地球的潜在疫苗。从这个实验中，同学们可以了解更多关于 SE 的知识，努力开发一种更有效的治疗太空中各种葡萄球菌感染的方法。

（本实验在 SSEP 第 7 次任务中搭载飞行）

点评：本项目小组的同学们从另外一个角度开展了微重力条件下细菌耐药性的研究，从细菌的选择上，选取了对大部分抗生素都有耐药性的细菌作为对象，因为其潜在危害，用其感染性弱的近亲来代替，观察微重力的影响，并做出假设，通过实验进行验证。

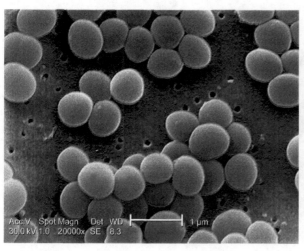
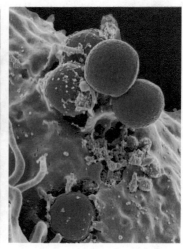

表皮葡萄球菌

38. 微重力对环丙沙星杀灭大肠杆菌效果的影响

大肠杆菌通过受到污染的食物或者通过与携带者的接触而传播。有些菌株是温和的，有些已经证实能危及生命。如果这种常见疾病影响了航天员，必须要快速恢复。抗生素可以降低并发症的风险，并消灭细菌。环丙沙星是常见药物，将用于本实验中。通过测试微重力下的药效，我们可以降低患病的潜在风险。到达国际空间站后，将环丙沙星引入大肠杆菌中，并将结果与地面对照实验进行比较。

（本实验在 SSEP 第 7 次任务中搭载飞行）

点评：细菌耐药性和抗生素的杀灭效果是一个问题的两个方面，大肠杆菌是 SSEP 学生搭载实验中出现频率最高的一个实验菌种，但是实验内容却完全不同，本实验从环丙沙星抗生素的杀灭效果的角度，开展了研究。所以，同学们设计实验时，一定要进行文献调研和检索，看前人都做过哪些实验，重复的劳动就尽量不做了。

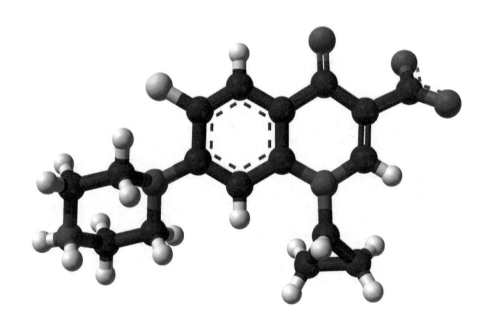

环丙沙星 3D 模型

39. 微重力下测试妥布霉素和地塞米松眼药对金黄色葡萄球菌类型结膜炎的效果

细菌性结膜炎

细菌性结膜炎是一种常见的感染，可以影响到太空中飞行的航天员。随着太空飞行的进展，细菌性结膜炎开始成为一个问题。同学们希望知道细菌性结膜炎是否受到常规抗生素治疗的影响，从而解决这个问题。通过实验，我们希望更好地了解细菌性结膜炎的生长和治疗。了解生长和治疗，不仅使我们能够有效地治疗未来的感染，也对治疗太空中的其他细菌性感染有借鉴意义。

（本实验在 SSEP 第 9 次任务中搭载飞行）

点评：航天员在太空中生活时，经常飘来飘去，看似飘逸，实际上有很多健康隐忧。由于没有重力，灰尘和病菌会漂浮在空气中，航天员在飘来飘去的过程中，眼睛经常会沾染各种灰尘，因此需要经常清洗。细菌性结膜炎也是潜在问题之一，同学们提出的方向非常好，只是进行实验描述时，过于突出了原理和理念，实验细节描述较少。

40. 微重力对大肠杆菌在聚苯乙烯颗粒上生物膜形成的影响

生物被膜又称生物膜，是指细菌粘附于接触表面，分泌多糖基质、纤维蛋白、脂质蛋白等，将其自身包绕其中而形成的大量细菌聚集膜样物，是细菌为适应自然环境、有利于其生存的一种生命现象，是由细菌及其分泌物积聚形成的。在特定的条件下，细菌可以形成生物被膜，包被有生物被膜的细菌称为被膜菌。被膜菌的形态结构、生理生化特性、致病性以及对环境因子的敏感性等都与浮游细菌有显著的不同，它们会形成有效的防护，从而抵御各种环境因素，包括抗菌药物。其对抗生素和宿主免疫系统具有很强的抵抗力，从而导致严重的临床问

题，引起许多慢性和难治性感染疾病的反复发作。在地球上，细菌生物被膜会粘附在各种医疗器械及导管上，极难清除，以致引发大量的医源性感染。

塑料材料广泛应用于地球上和太空中的各种物体和部件，包括水净化系统和废水处理部件。该研究小组提出本项目的目的是研究微重力对生物被膜形成的影

聚乙烯颗粒

响，同学们选择了大肠杆菌 K-12 作为细菌样本，因为大肠杆菌广泛存在于环境中，是人或动物的粪便中排泄出来的。材料样本则选用了聚乙烯塑料颗粒。实验小组将 250 和 500 的聚苯乙烯颗粒和大肠杆菌 K-12 悬浮液分别在微重力和正常重力条件下培养 10 天，然后利用日立 TM100 扫描电显微镜分析各实验样本生物被膜的形成情况，从而确定微重力对生物被膜的形成到底有什么影响。

（本实验在 STS-134 次任务中搭载飞行）

点评：这个研究小组的同学们还是很"高、大、上"的。从他们提出的研究课题可以看出，他们在微生物学方面有着扎实的基础，能够从地球上生物被膜的耐药性，联想到太空微重力条件下塑料上生物被膜的形成有何变化，因为太空中也使用塑料，因此其研究结果还是很有现实针对性的。

41. 微重力对于软接触镜片细菌生物膜形成的影响

　　隐形眼镜可比玻璃眼镜提供更大的视力范围，并且在雨天不会形成雾气，所以在美国大约有 3600 万人使用隐形眼镜。它们通过折射和聚焦改善视力。隐形眼镜镜片漂浮在角膜上的泪液膜上，通过流体和眼睑压力保持位置。该项目小组提出的这项研究聚焦由水凝胶制成的软接触镜片，这种水凝胶可以吸收水分，但软接触镜片需要面对的一个问题是细菌感染。微生物会附着在镜片上，戴到眼上时就会转移到角膜上。细菌从这里进一步深入角膜，可能会造成永久损伤。而更具危害性的是生物被膜，一旦隐形眼镜镜片形成细菌生物被膜，对宿主的防御、消毒剂和抗生素产生耐药性，那么其危害比感染更大。实际上，对 100 名病人的研究发现，52% 的病人发现他们带有消毒溶液盒子的镜片保护系统，受到了细菌感染。对于隐形眼镜使用者来说，这是一个很普遍的问题。这个实验将研究微重力对隐形眼镜镜片生物被膜形成的影响。我们预测在微重力环境下生物被膜更难以形成。

（本实验在 SSEP 第 8 次任务中搭载飞行）

点评：在我们的印象中，航天员都是身体非常完美的超人，在载人航天的早期的确如此。但随着技术的进步，航天飞行对人的要求逐步降低，近视眼也能上天了。近视眼需要佩戴隐形眼镜，而隐形眼镜存在健康方面的风险，尤其是镜片上形成细菌生物被膜后。本项目小组提出的研究内容，探讨微重力下隐形眼镜镜片细菌生物被膜形成的影响，会给未来的近视眼航天员避免和治疗感染带来福音。

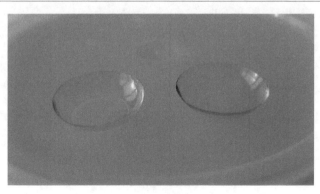

隐形眼镜镜片

42. 微重力条件下鼠导尿管上是否形成生物被膜

本实验的目的是看微重力条件下大鼠动脉导管上表皮葡萄球菌形成的生物被膜有何不同，这是一种自然形成的过程。如果太空中形成的生物膜比地球上的薄，这会给 NASA 提供更多的关于航天员健康的参考信息，也会给科学家和医生提供信息，

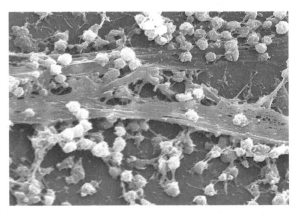

生物被膜

有助于改善和减少地球上导管的感染。我们已经知道表皮葡萄球菌存在于所有人身体中，当某个人体内有导管时，就会形成表皮葡萄球菌生物被膜，引起皮肤感染，这种皮肤疾病就像是粉刺样的疹子，发红发炎。如果某人进行了手术，他很可能会在导管上形成生物被膜，这是因为表皮葡萄球菌非常喜欢粘着在任何类型的塑料上。附着后，它就会形成生物被膜，阻塞导管或植入物，这会导致器件失效或感染。项目小组提出在空间站进行连续 2 天的实验，使细菌有足够的繁殖。同学们指出，选择这个实验，是因为很多人死于这种葡萄球菌感染。这个实验可以提供对抗葡萄球菌感染的方案，因为如果航天员在空间站生病需要插入导管，我们就能知道这个操作所涉及到的风险。

（本实验在 SSEP 第 9 次任务中搭载飞行）

点评：资料显示：在特定的条件下，细菌可以形成生物被膜，包被有生物被膜的细菌称为被膜菌。被膜菌与浮游细菌有显著的不同，对抗生素和宿主免疫系统具有很强的抵抗力，可引起许多慢性和难治性感染疾病的反复发作。细菌生物被膜粘附在各种医疗器械及导管上极难清除，以致引发大量的医源性感染。本研究获得的知识可以为将来的太空医疗提供参考。

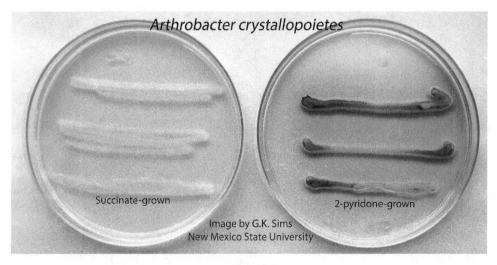

节杆菌

★43. 微重力对节杆菌分解聚乙烯速度的影响

项目小组提出这个实验的目的是，研究确定节杆菌属在微重力条件下是否能显著增加分解聚乙烯的能力。节杆菌是一种包含生物修复器的菌属，是能从环境中去除污染物的微生物。这些细菌可以水解聚乙烯。将这些塑料带到微重力环境下，我们希望寻找有效的方法来降解这些塑料，并可能会筛选出对此真正发生作用的物种。

（本实验在 SSEP 第 1 次任务中搭载飞行）

点评： 塑料给日常生活带来方便的同时，也造成了日益严重的白色污染，因为这些塑料自然降解需要上百年时间。而节杆菌属可以水解聚乙烯，研究微重力下这些细菌的降解效果，可以帮助解决未来太空中的白色污染问题。

44. 微重力下枯草杆菌 是否像在地面一样分解人体排泄物

　　该项目小组的同学们提出测试枯草杆菌在微重力环境下分解人体排泄物的能力，并比较其与地面化粪池分解能力的差异。这个实验的意义在于，如果人在长期飞行任务中能够循环使用水，就可以显著减少携带到太空中的水量。这样也可以减少用于储存水的空间，尽管水循环装置也会占用一部分节省下来的空间，但总体衡量是更经济的。本实验也可以测试枯草杆菌是否可以作为抗生素使用，因为它也用于治疗结肠疾病如痢疾，也作为免疫系统的刺激物。

（本实验在 SSEP 第 1 次任务中搭载飞行）

点评：在长期太空飞行任务中，物质的循环利用是一个核心的理念，不仅水和氧气需要循环利用，未来吃的食物也需要进行循环。该项目小组提出的测试微重力环境对枯草杆菌在微重力下分解人体排泄物的影响，可以使我们更好地设计未来的生态生命保障系统。

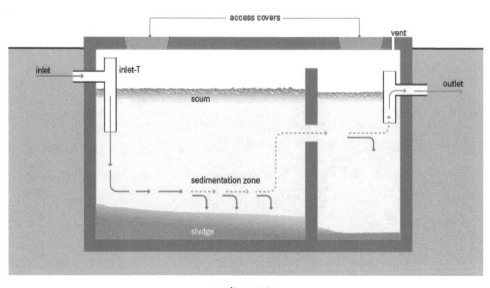

化粪池结构

45. 微重力下食盐对肉的防腐性能

本项目小组提出的实验是为了测试微重力条件下盐对肉的防腐性能。同学们提出这个实验是基于对过去如何保藏食物的观察。食盐可用于抑制细菌生长，可以使肉保存更长时间。本实验可以为航天员的冻干食品提供新的替代思路。本实验包括一块没有盐的肉和一块盐腌的肉。同学们将观察在微重力条件下没有盐的肉上是否有细菌繁殖，如果上面有细菌生长，盐是否能减缓其在微重力下的生长。

（本实验在 SSEP 第 3 次任务中搭载飞行）

点评：长期太空飞行，食品存储是一个不可回避的问题，现在的航天食品通过多种处理方式，使其能有较长的保质期。我们知道，在地面上盐可以减缓食物变质的速度，同学们提出研究微重力下盐对肉上细菌繁殖的影响，为在轨食品保存提供了新的思路。

盐

46. 微重力对于白面包上霉菌生长的影响

面包

发霉

项目小组提出的问题是：微重力对于白面包上霉菌的生长有什么影响？同学们想做这个实验，是因为我们对霉菌生长知之甚少。了解微重力下新的话题非常有意思。对于这个实验，同学们选择使用类型 1 的 FME 试管，因为实验中使用的唯一物质是白面包。他们的实验没有确切的开始点，所以其实验程序是，将一小片白面包放入类型 1 的 FME 试管中，在整个任务期间，放在那里就行。同时，在地面开展完全相同的对照实验。

从这个实验中获得的知识涉及从尘土中开始的霉菌。如果空气中存在大量的霉菌尘埃，那么它们相互摩擦推挤，会自然地落到白面包上。但是，如果空气中仅有少量霉菌尘埃，那么微重力就使之永远不会降落在白面包上。最后，同学们将测量每平方英寸白面包上霉菌的面积，并比较天地之间的差异。他们还将观察霉菌的颜色以及白面包的颜色，并将数据画成柱状图。

（本实验在 SSEP 第 5 次任务中搭载飞行）

点评：日常生活中，我们经常会遇到面包发霉的现象，在微重力条件下情况会是怎样呢？本项目小组的同学们提出了研究微重力下白面包上发霉的情况，并在地面开展对照实验，比较霉菌面积的大小及颜色差异。

47. 微重力下的牛奶

本项目小组希望知道哪种牛奶在微重力下经过 6 周时间后变质得最厉害。同学们选择的牛奶类型包括全脂奶、脱脂牛奶和 1% 的牛奶。经过图书馆两个小时的文献研究后，我们发现：全脂奶在地球上变质最快，脱脂奶保质时间最长。其原因是不同类型的牛奶中大肠杆菌菌群数量的不同。因为细菌可以无性生长和繁殖，所以能很快繁殖成大的菌群。更不用说，细菌是牛奶变质的产物之一，可以在任何温度下繁殖生长。牛奶富含维生素和养分，但为了更好地食用，需要看哪种保鲜时间最长。本项目的另外一个好处是，如果某天人类要在太空长期生存，他们不仅要喝水，还要喝其他的东西，比如牛奶。我们预测发现的结果能与我们的假说相符：在太空中，全脂奶会比脱脂奶以及 1% 的牛奶变质更厉害，变质程度比地面更严重。我们将通过观察 FME 试管中不同部位的凝结块的数量来确定哪里变质最多。

（本实验在 SSEP 第 6 次任务中搭载飞行）

点评：牛奶是我们日常生活中不可或缺的食品，地球上的牛奶有保质期，不同类型牛奶的保质期也不一样。本项目小组的同学们，提出了研究微重力下不同类型牛奶变质情况的差异，实验结果对于上天牛奶的选择具有参考价值。

◎ 不同类型 FME 使用实例 ◎

类型 1：是发射前预装好的单一试管，进入轨道后无需进行混合操作。例如，有一项 SSEP 飞行试验，实验设计测试人造血在微重力下的保质期是否和地球上相同，这对于航天飞行中医学应急过程需要输血时，是一个非常重要的问题。这个实验就仅需要一个类型 1 的 FME 试管，装满人造血，在国际空间站上放置一定时间即可。返回地面后，分析比较其退化程度。

类型 2：适用于仅需一次在轨混合就可以启动，并不需要在轨终止的实验。休眠状态的生物体放置在一个空间里，适宜的生长介质放置在另外一个空间里，进入国际空间站后，打开分隔两个空间的夹子，实验就开始了。例如，类型 2 的 FME 非常适宜探索微重力下种子如何发芽。干燥的种子可以放置在试管的一个空间里，打开夹子后棉芯就可以将生长介质吸过来。需要注意的是，实验开始的时机非常重要，如果进入空间站就开始实验，可能返回地球前植物苗早就死了。一种解决方法是，在即将返回地球前开始实验。另一种方式是利用类型 3 的 FME 试管，引入生物固定剂，杀死并固定植物的苗，返回地球后进行研究。

类型 3：适用于三种不同样本的实验。一个很好的例子是，需要第一次混合以启动实验，然后需要第二次混合从而结束实验的情况。例如，某项生物学实验，首次混合时，引入生长介质、激活冻干生物样本；第二次混合时，引入生物固定剂，杀死并保存生物体，终止实验。为什么这样做呢？想象一下，某个生物学实验要研究微重力下某微生物的繁殖与地球上有何差异，但是生物的生命周期非常短，即使返回地球重力环境后 2—4 天内，也就是学生收到返回样本的时候，可能所有的微生物后代都是在地球重力条件下繁殖的。引入生物固定剂或生长抑制剂，就可以解决这个问题了。

48. 微重力下的哺乳动物奶

奶粉

奶是哺乳动物产生的重要食物，它们生命开始的第一年内主要依赖奶进行生存。那么微重力下的奶会像在地面那样变坏吗？因此，这个项目小组的同学们特意设计了这个实验，以回答"在微重力环境下细菌在奶中的生长和地面一样吗？"这个问题。同学们使用类型 2 的 FME 试管，主空间里为 6ml 的蒸馏水，大的安培瓶为 1.5ml 的全脂奶粉。进入国际空间站后，将奶粉和蒸馏水混合，之后细菌开始生长，当 FME 返回地球后，检查微重力条件下奶中的细菌含量，并与地面对照实验进行比较。同学们使用从卡罗乃纳生物公司购置的"牛奶细菌检查包"来帮助进行标准的平板计数，直接的显微镜计数和对两种奶样品的染色还原酶测试。他们假设地面和微重力情况下奶中的细菌生长是不同的，特别是微重力中细菌的生长会相对少些。

（本实验在 SSEP 第 3 次任务中搭载飞行）

点评：学生搭载实验中，关于奶的项目并不多，但是书中却连续收录了两个关于奶的学生搭载实验，一是因为两者的研究角度不同；二是两者的描述各有侧重，前面一则侧重说明原理，这个实验侧重说明实验过程。

植物实验

49. 微重力环境下微藻的繁殖速度

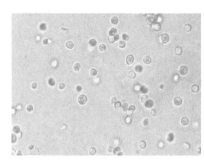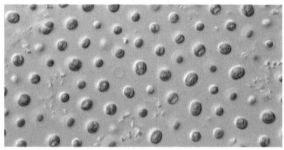

微藻

　　微藻的生物量可用于生产生物燃料、动物饲料甚至人的膳食补充。每公顷微藻类平均每年可以用来生产 5000—15000 加仑的油，几乎是排名第二的油棕榈树产量的七倍。前期测试的藻类样本已经显示，某些绿藻可以产生高达 77% 的油含量。因为国际空间站上载荷箱中没有光源，所以研究小组选择了异养藻类菌株，它们可以在没有阳光的环境下生长繁殖。珊藻是一种用于生产生物燃料的藻类，其具有很好的环境耐受性，并且具有 40% 左右的脂含量，这个菌株可以仅仅依靠葡萄糖就能生存繁殖。项目小组提出的研究试图回答的问题是：与地球环境相比，在微重力环境下该藻类的繁殖速度有多快？本研究将观察在太空中一定时段内生物量产出的变化，并与地面对照实验进行比较。该实验今后可用于确定藻类样本中可提取的油产量，这在工业、化妆品和补品中都有潜在的应用。着眼人类对不可再生资源不断减少的忧虑，本研究可以为未来研究打下基础。研究不同条件下藻类的生长，可充分利用具有最高生产速度和生产效率的地点。如果证明在微重力环境下藻类繁殖速度增加，那么在太空进行微藻类生物量栽培就很有好处。

（本实验在 SSEP 第 7 次任务中搭载飞行）

点评：微藻是一类在陆地、海洋分布广泛，营养丰富，光合利用度高的自养植物，细胞代谢产生多糖、蛋白质、色素等，使其在食品、医药、基因工程、液体燃料等领域具有很好的开发前景，还可用于再生能源制造。探索微重力下微藻的生长规律，有利于更好地开发微藻资源，也有利于未来太空探索。

50. 微重力下非自养藻类的生长

本项目小组提出的微重力下非自养藻类富油新绿藻的生长实验，目的是研究微重力对藻类的生长速度及发育的影响。长期以来，藻类已经用于实验室及工业中的多种产品中，包括化妆品、营养品和生物燃料。科学家预测，今后数年间，藻类可能会取代许多有限的化石燃料储备。藻类也是重要的氧气生产者，因为它们为地球提供了三分之二的氧气。因此，对藻类生长了解得越多，世

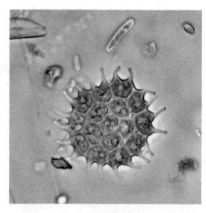

盘星藻

界丰富的藻类储备就越能发挥更大作用。此外，随着长期太空飞行越来接近现实，需要了解藻类是否能在这些微重力条件下生长，并作为未来太空移民的燃料、营养甚至氧气来源的可能性。选择的藻类为非自养型，它们可以在小试管条件下生长。同学们的假设是，藻类的生长会加速，因为重力不再限制细胞的生长和分裂。将冻干的藻类样本送入国际空间站，航天员通过在轨操作，为藻类提供水和营养液，启动生长过程。14 天后，航天员加入嘌呤霉素溶液，保存结果，以返回地球进行研究。

（本实验在 SSEP 第 7 次任务中搭载飞行）

点评：这个实验和前面的实验属于一类，研究的背景和目的基本相同，但是研究对象不同，前者选择了珊藻，而本实验选择的是富油新绿藻，而且描述的内容具有互补性，因此也收录进来，供大家参考。

51. 太空中蓝绿藻的生长

　　本实验小组提出的项目是测试蓝绿藻的生长，观察其进入太空后，生长有无变化。项目小组提出这个实验，是因为蓝绿藻可以产生氢气和氧气。在未来的太空飞行中，可以利用蓝绿藻分解的氧气进行呼吸，分解的氢气用作燃料。同学们将该藻类放入装有水、石头和植物肥料营养液的试管中，带入太空进行实验，而地面则开展同样的对照实验，以比较天地之间的差异。

（本实验在 SSEP 第 9 次任务中搭载飞行）

　　点评：太空微重力对藻类的影响是一个重要的学生搭载实验研究方向，一方面是因为开展这个领域的研究占用的重量和体积资源较少，具有较好的可操作性；另一方面，也是因为这个领域具有很好的应用前景。本实验首次提出了以蓝绿藻为研究对象开展实验。资料显示，蓝绿藻又称蓝藻，是地球上出现的最早的原核生物，也是最基本的生物体。蓝绿藻在地球上大约出现在距今 35—33 亿年前，已知蓝绿藻有约 2000 种，为自养型的生物，其适应能力非常强，可忍受高低温、缺氧、干涸及高盐度、强辐射，所以从热带到极地，由海洋到山顶，在 85℃温泉、零下 62℃的雪泉、27% 高盐度湖沼、干燥的岩石等环境下，它均能生存。虽然蓝绿藻是导致海洋赤潮的罪魁祸首，但有些蓝绿藻还可产生氢气和氧气，对于长期太空飞行或星际移民，具有非常重要的价值。

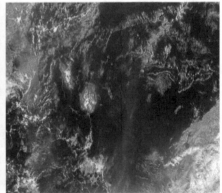

蓝绿藻

52. 太空中小蘑菇的形状和生长

蘑菇是健康美味的食物，可以在各种环境中生长。本项目小组的同学们研究了网络上有关蘑菇的知识，蘑菇不需要太多的光和热。羊肚菌是非常重要的维生素来源，如维生素 B、烟酸、泛酸、维生素 H、叶酸，有的含维生素 D。网站资料显示，它们还含有重要的矿物质，如铜、硒、磷、钾和铬。如果这些富含营养的蘑菇能够在太空生长，那么航天员将能享用这种美味食物，为将来航天员飞行更长时间、改善其生活质量提供帮助。项目组同学们设计的实验，是比较太空和地面羊肚菌的生长速度，他们对太空种植蘑菇的前景充满信心。研究小组表示，选择蘑菇不仅因为其多汁的风味以及作为生物体研究对象的总体价值，还因为蘑菇不像其他植物那样对光照有太多要求。此外，蘑菇还能用于降解航天员产生的有机废物，减少对空间站的污染。

（本实验在 SSEP 第 8 次任务中搭载飞行）

点评： 蘑菇属于食用菌，是我们日常生活中常见的食材之一，味道鲜美、营养丰富。羊肚菌是一种珍稀食用菌和药用菌，因其菌盖表面凹凸不平、状如羊肚而得名。资料显示，羊肚菌性平、味甘寒、无毒，有益肠胃、助消化、化痰理气、补肾壮阳、补脑提神等功效，另外还具有强身健体、预防感冒、增强人体免疫力的作用。研究微重力条件下，蘑菇的生长规律变化，对于太空培养蘑菇具有基础性作用，对于丰富长期太空飞行中航天员的食谱具有很大的帮助。

羊肚菌

53. 微重力下平菇的生长

本搭载实验的目的是研究微重力下平菇的生长，同学们提出的问题是：微重力会影响平菇的生长吗？平菇是一种食用菌，种植3—4周后就可以收获。平菇是一种理想的实验对象，它能在10—35℃的范围内生长，最佳生长温度为25℃。作为腐生物营养菌类，平菇可以循环利用航天飞机上的物质，如纸板和办公用纸张，以及剩余的植物如稻秆，将他们作为生长基，从木纤维废物中吸收养分。在微重力条件下，航天员将孢子和食物及水源生长床混合，种植9天时间。之后航天员将嘌呤霉素溶液加入基质和蘑菇中，终止其

平菇

生长。用 N- 乙酰葡糖胺来定量测定平菇的生长量。选择平菇这个简单的实验，可以显示微重力种植的巨大潜在价值，实验的成功可以提供一种利用废物生长食物的解决方案。

（本实验在 SSEP 第 8 次任务中搭载飞行）

点评： 在太空中生长蘑菇，是一种利用废物生长食物的解决方案，既解决了食物的问题，又解决了废物处理问题，一举两得。本实验选取了常见的平菇作为研究对象，具有很好的应用价值。

54. 微重力对金针菇结构的影响

影响宇宙的有四种基本力，最神秘的是重力。地球表面的重力近似是一个常数，在轨道环境中仅有微小的重力存在。重力在我们的生活中无处不在，很难想象微重力对事物的基础性影响。本实验中，同学们提出研究微重力对金针菇的影响。通过文献研究得知，重力对金针菇的生长和结构发育有着深刻影响。项目小组同学们提出利用类型 3 的 FME 试管用生长介质培养金针菇孢子，

并利用地面对照实验，比较天地之间金针菇的生长差异。生长几天后，对菌类进行固定和保存。返回地球后，将天地样本的结构和生长情况进行比较。样本比较的内容包括：直接观察外观上的明显变化，以及通过光学显微镜检查其横截面的不同。

金针菇

（本实验在 SSEP 第 4 次任务中搭载飞行）

点评： 微重力对蘑菇的生长研究有很多项，平菇、羊肚菌都是研究对象，这次同学们提出了研究微重力对金针菇生长和结构的影响，并从外观及显微镜下横截面的变化两个方面进行天地比较。不同品种蘑菇的研究，可以丰富相关知识，加深对其变化机理的了解。

55. 微重力对西红柿生长的影响

西红柿

西红柿营养丰富，可以提供多种维生素和矿物质，对人的身体健康非常有益，甚至还可以预防疾病，是我们生活中最常见的果蔬之一。

该团队的同学们认为，目前航天员在太空飞行的距离有限，一个重要的原因是不能获取足够多食物（食物必须从地面补给）。随着航天员进入更深远的太空观察宇宙，就要具备自我生产食物的能力。因此，本团队提出研究微重力对西红柿植物生长的影响，这将是一个非常重要的研究课题，因为它将能帮助航天员在探索宇宙过程中又得到一种食物来源。

在本实验中，将西红柿种子、土壤和水样本放入类型 2 的 FME 试管中，

航天员进行在轨混合后，在太空生长西红柿植株。因为天地环境的不同，他们推测西红柿植株生长会与地面有差异。当然，地面会同步开展对照实验，以比较天地差异。

（本实验在 STS-135 次任务中搭载飞行）

点评：开展太空中植物生长研究，对于未来第三代受控生态生保系统的建设有着十分重要的意义。从早期的"和平"号空间站到现在的国际空间站，都曾经进行过大量的失重条件下植物生长的探索，种植了多种品种的植物，开展了全方位的研究，现在仍不失为一个热点研究方向。西红柿曾经多次在学生实验中被搭载，从创新性来看，这个团队并没有什么太突出的地方。但是，正如前面叙述中所说的那样，确定学生实验能否搭载，创新性的权重并不高，而是更加注重学生的参与。通过参与实验，使学生更好地了解和掌握科学思维和科学实验方法。直到现在，加拿大还在学生中大规模开展搭载过西红柿种子的种植实践，通过西红柿种植这个载体，帮助学生学习植物学方面的知识。

56. 微重力对拟芥蓝发芽和生长的生理效应

拟芥蓝是一种小型开花植物，是广泛用于植物学研究的模式生物。拟芥蓝是首个完成完整基因测试的植物。因为对这种植物进行过大量研究，通过比较经历太空飞行的种子和普通种子在发芽方面的差异，就有可能发现新规律。

该团队的同学们提出研究微重力条件下，种子发芽生长时其植物结构有何不同。团队的同学们认为，对大部分拟芥蓝类模式生物来说，微重力条件会影响其植物结构。将微重力环境下发芽的种子，和没有经过微重力暴露在地面发芽的种子，进行对照比较。比较工具为扫

拟芥蓝

描电子显微镜。本实验的焦点是拟芥蓝的维管组织和根系，但是也对整个植物结构进行研究。

（本实验在 STS-135 次任务中搭载飞行）

点评： 拟芥蓝是一种在微重力条件下开展过大量研究的植物，它在地面也是一种广泛用于植物学研究的模式植物。团队同学们提出对拟芥蓝进行研究，也算是对热门研究对象的一种追踪。通过本次实验，可以促使学生掌握很多知识，甚至是使用扫描电子显微镜的技能，这在促进教育方面的意义不凡。与很多植物生长搭载实验类似，其创新性明显不足。

57. 在模拟火星土壤中拟芥蓝和大豆的发芽

大豆

拟芥蓝和大豆两种植物是开展实验非常多的品种。我们的实验是比较它们在模拟火星土壤中，哪个在微重力下生长得更好。拟芥蓝因其实验潜力，在火星上非常有用，而大豆可以作为食物来源，因为其有很高的钙和蛋白质水平，这对航天员来说非常有用，因为太空飞行期间，航天员的骨骼结构会变脆弱，需要更多的蛋白质。在地球上很难模拟火星的低重力，微重力提供了一种低于地球的重力环境。国际空间站上的重力加速度为零，火星上为3.7，地球上为9.8，因此国际空间站上提供了一个更接近火星的环境。

（本实验在 SSEP 第 9 次任务中搭载飞行）

点评： 对拟芥蓝曾经开展了不少研究，本研究的亮点是，既利用微重力，又利用模拟火星土壤，针对的目标是未来在火星进行长期驻留，不仅研究拟芥蓝，还同时研究了大豆的发芽情况。

58. 微重力下高氯酸盐对模拟火星条件下植物发芽的影响

　　在 NASA 的许多现有项目中，自踏足月球以来，公众翘首以待的下一个项目就是载人火星任务。最近火星上水的发现增加了我们梦想的预期，但是尽管有水，人们发现火星土壤包含高水平的高氯酸盐，对人而言这是污染毒物。分析实验结果，将为微重力和高氯酸盐的影响提供思路，使我们了解这些情况对于未来火星生存基地的建立有何影响。未来载人火星任务中，有关营养和可持续的问题必须得到回答。本实验将使我们更多地理解火星上食物的生长，火星上的引力只有地球的一小部分，本实验将使我们更多地理解火星上食物的生长。在国际空间站上，我们的类型 3 试管将包含模拟的火星土壤、种子以及促使其发芽的纯净水。12 天后，10% 的中性缓冲福尔马林将加入土壤中，以终止生长并"冻结"任何可用的数据，这样就可以观察地球上的西红柿种子发芽并比较对照组，看这些经过进化已经适应地球环境的植物在完全不同的条件下如何生长和存活。

（本实验在 SSEP 第 9 次任务中搭载飞行）

点评：本项目和上个项目类似，也是针对火星土壤和更低的重力环境开展植物生长研究，其背景情况交代得更加清楚，而实验的对象选择了我们更加熟悉的西红柿种子，这为将来在火星上种植西红柿，勾画了美好的前景。

火星土壤

59. 微重力对草种子生长的影响

项目小组的同学们非常想知道微重力是否影响植物种子的生长。在同学们提出的实验中，他们希望测试微重力对黑麦草种子生长的影响。小组将通过实验测试，在没有重力和光线的情况下，黑麦草种子是否生长。他们进行文献研究时发现了自相矛盾的信息，学校课本上说重力会影响种子生长的方式，根会向着重力的方向生长，但是他们阅读的在线文章却说，重力对种子的生长几乎没有任何影响。他们认为在微重力条件下进行种子生长实验的意义是，如果未来人要在太空停留很长时间，就需要了解微重力对植物生长的总体影响。他们认为种子在微重力下会生长，并且会比地面速度快。对于该实验来说，为了启动种子的生长，就要给种子提供水。在由三部分构成的类型 3 的 FME 试管中，第一部分放的是水，包裹在棉花中的黑麦草种子放在第 2 部分，第 3 部分放的是盐作为固定剂。过去的实验显示，黑麦草种子需要 5—12 天生长，可以利用盐水停止其生长。

（本实验在 SSEP 第 9 次任务中搭载飞行）

点评：黑麦草，禾本科，是具有经济价值的重要栽培牧草和绿肥作物，现新西兰、澳大利亚、美国和英国广泛栽培用作牛羊的饲草。太空飞行中，不仅要研究人食用的各种植物，牧业中常见的植物也需要研究，这样才有可能在星际移民时，建造牧场，放牧牛羊。

60. 太空中藜麦的发芽

该实验小组提议研究微重力对藜麦种子发芽的影响。同学们计划对微重力及地面对照的藜麦种子发芽数量进行计数。首先，他们对测试试管进行设置，用夹子将种子和营养液（固定种子的凝胶）分开。航天员在轨道飞行时，打开夹子，轻轻摇晃试管，直到种子和凝胶粘在一起。他们会对种子的发芽数量进行计数，并进行天地比较。

（本实验在 SSEP 第 9 次任务中搭载飞行）

点评：本实验是一个简单的发芽试验，比较天地之间藜麦种子发芽数量的不同。但同学们选取的实验对象非常有意义。藜麦原产于南美洲安第斯山区，是印加土著居民的主要传统食物，有 5000—7000 年的种植史。联合国粮农组织认为藜麦是唯一一种单体植物即可基本满足人体基本营养需求的食物，并推荐藜麦为最适宜人类的完美的全营养食品。藜麦在 1980 年代被美国宇航局用于航天员的太空食品。

藜麦

61. 微重力对菊花种子生长的影响

菊花

众所周知，我们呼吸的空气对身体的健康非常重要，室内的空气污染可引起严重的健康问题，如病态建筑综合征（也称"空调病"）和癌症。考虑到航天器的密闭环境，这些健康问题也逐渐浮出水面。研究发现，菊花可以去除空气中有害毒素。同学们提出的实验目标是，确定菊花能否用于净化航天器内的空气。为了确保菊花植物长期发挥作用，让植物能够繁殖就非常必要，这样就能确保长期太空探索过程中的空气净化效果。因此，本实验小组提出研究菊花种子在微重力环境下的发芽能力。种子、盆栽混合物和蒸馏水将用来启动太空中种子的发芽过程。返回地球后，这些种子将和对照组的种子栽在一起，比较两组的生长速度。最后，每个组都收获新的种子，并检查实验组的种子是否能够发芽，并生长成健康植株。本实验的结果可以为 NASA 提供新的方法，为长期的飞行任务净化航天器内的空气。这个策略可以提高太空游客的健康，减少污染等相关的健康问题发生。

（本实验在 SSEP 第 6 次任务中搭载飞行）

点评：本小组同学提出的研究对象是菊花，研究的目的是看微重力是否影响其后代的繁殖能力，如果能够繁殖，就可以用菊花在长期飞行中用于净化空气，就像地面一样，使航天员在狭小的密闭环境中保持健康的身体。

62. 微重力环境是否影响辣椒种子的发芽

　　本研究小组的同学们决定研究辣椒。他们通过文献研究发现，辣椒可以对抗细菌。这可能对太空中的航天员有好处。他们提出的问题是：微重力环境是否影响辣椒种子的发芽？这个研究的目的是，为航天员寻找更多的食物品种。如果可以发芽，就能在太空种植和生长辣椒，用来对付细菌，这将有利于维持航天员的健康。同学们将把辣椒种子、土壤和纯净水放入类型 3 的 FME 试管中，进入太空后航天员进行混合。他们同时在地面开展对照实验，比较种子在太空中发芽与地面发芽的差异。他们认为辣椒可以为太空中的航天员提供很多的好处。

（本实验在 SSEP 第 8 次任务中搭载飞行）

点评：辣椒是一种神奇的植物，虽然它提供的不是我们必不可少的主食，但是辣椒作为调味品却使我们的食物风味更加丰富多彩。辣椒不仅能够抗菌，而且还能满足航天员在太空中的特殊口味需求。太空飞行实践表明，失重条件下的航天员口味会变重，辣椒就有了特定的用途。同学们提出研究辣椒在微重力下的生长，还是很有意义的。

辣椒

植物实验

63. 微重力对萝卜籽发芽的影响

萝卜苗

萝卜

　　帮助植物在微重力环境中生长，就能使长期任务中有可再生可食用的食物。同学们提出的这个实验的目的是，通过定量测量根的生长和根的弯曲，来确定微重力对萝卜籽发芽的影响。他们计划将柳树水和蜂蜜混合，生成强大的酶和柳酸，快速促进根的生长。根荷尔蒙的作用是帮助发芽后的萝卜籽生长。同学们认为：萝卜籽在微重力下可以发芽，根弯曲角度更大，根的长度将比地面对照短。萝卜籽先冷冻4周，冷冻模拟冬天的时间，然后萝卜籽放入石棉土壤中，石棉土壤模拟温暖的地面，像一种生长幼苗的温暖毯子。种子发芽后，使用福尔马林固定实验结果。对于地面对照实验，进行完全相同的过程。FME试管返回后，对实验数据进行比较，检验是否支持提出的假说。这个实验意义还包括，它能测试在水杨酸的帮助下，植物在微重力下如何发芽。

（本实验在 SSEP 第 8 次任务中搭载飞行）

点评：萝卜是我们日常生活中的大路菜，营养比较丰富，兼有食用和药用价值，研究微重力对萝卜籽发芽的影响，可以为将来长期深空飞行或星际移民增加一种常见蔬菜，打下很好的基础。

64. 微重力条件下萝卜的生长

本实验的目的是观察微重力是否影响萝卜种子的生长。植物的根和茎通常需要重力才能向具体的方向生长。根通常朝向重力生长，即朝向地球中心的方向，茎则是背向重力向天空生长。开展本实验的原因是，与地球相比，空间站上微重力条件下植物的根和茎朝不同的方向生长，影响了植物的发育和产量。同学们预测，根会向许多不同的方向生长，而不像在地球上那样朝一个方向生长，因为没有重力。为了测试该实验，小组提出使用类型3的FME试管，在空间1里面充满水，空间2里面放置海绵和两颗萝卜种子，空间3里面为91%的异丙醇。除了空间开展的这个实验外，在地面开展完全相同的对比实验。当空间实验样本返回地面后，将和地面的样本进行比较。这些信息可以帮助我们了解微重力如何影响植物生长，如果结果相似，那就意味着微重力对植物生长没有什么影响。

（本实验在SSEP第5次任务中搭载飞行）

点评：尽管这次实验也是以萝卜为研究对象，但研究的内容和关注的重点颇为不同。这个小组的同学们聚焦于微重力条件下植物的根和茎的生长方向是否和地面相同，也是根向下、茎向上。有理论认为，植物的根向下、茎向上，是因为重力作用的缘故。

萝卜

65. 微重力对植物生长速度的影响

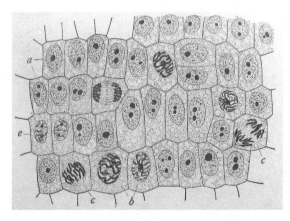

细胞

该项目小组提出的实验，目的是研究微重力条件下发芽的萝卜籽的细胞生长速度以及分裂速度，并与地面对照进行比较。地面的对照实验，除重力因素外，其他条件完全相同。返回地球后，籽苗将被切开，在显微镜下观察，以确定微重力对细胞生长和分裂速度的影响。

（本实验在 SSEP 第 7 次任务中搭载飞行）

点评：这个实验又是以萝卜为研究对象，研究的问题是微重力对细胞生长速度及分裂速度的影响。这对于太空种植来说，也是一个非常重要的话题，虽然本实验没有表述细节，但目的交代得足够清楚。

66. 洋葱根细胞在微重力下如何分化

项目小组的同学们想知道洋葱根细胞在没有重力的情况下能否复制 DNA。同学们提出在国际空间站和地面分别让洋葱种子发芽，然后对实验样本进行分析，确定 DNA 复制过程中是否有变异情况发生。同学们预测，在分裂过程中细胞在微重力条件下会遇到一些问题。如果了解到太空中变异普遍发生，难免会波及到所有生物，包括航天员。

洋葱

（本实验在 SSEP 第 5 次任务中搭载飞行）

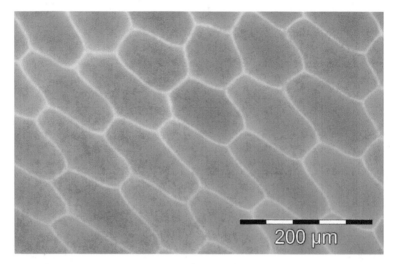

洋葱细胞

点评：DNA复制是生物生长和繁衍的基础，如果DNA复制发生问题，例如发生变异，就会严重影响生物体的健康。同学们提出研究微重力条件下洋葱细胞DNA是否发生变异，对于研究微重力条件下植物的健康生长，以及航天员的健康，都具有参考价值。

67. 微重力对洋葱根细胞分裂的影响

洋葱

本项目小组提出在国际空间站以及地面对洋葱种子进行发芽实验。实验选择使用类型3的FME试管。腔1中装入1ml的纯净水，腔2中放入3粒棉花包裹的洋葱种子，腔3中包含固定用的戊二醛。进入空间站后，航天员首先释放夹子A，水被棉花吸收，开始发芽过程。返回前一周，航天员打开夹子B，"冻结"实验。实验返回地面后，将和地面对照进行比较，并搜集关于种子的观察数据。观察包括根的长度、细胞的变异情况，在有丝分裂各阶段细胞样本的数量。通过显微镜观察根细胞，确定各阶段细胞数量，以及是否存在变异、细胞复制后是否有变化、是否形成完整的新细胞或发生变异？同学们的假设是，细胞将不能分裂，因为没有重力，并且可能有变异。如果了解到细胞在太空微重力条件下分裂困难并且发生变异，这对于航天员和未来的太空旅行者将有重要意义。

（本实验在 SSEP 第 7 次任务中搭载飞行）

点评：本研究的对象同样是洋葱细胞，但研究的内容更加丰富和细致，观察根的长度、细胞变异情况，以及有丝分裂各阶段细胞数量，并且对实验过程描述得更加详细，是前面实验描述的有效补充。

68. 红三叶草在太空的发芽

红三叶草

　　如果人类希望在太空建立永久基地，就必须能够自己种植食物。在地球上，豆类植物用于将氮固定到土壤中。本实验中，利用红三叶草、棉花、盆栽土和水等材料，研究可以固定多少氮。经过国际空间站飞行实验后，样本返回地面。利用土壤测试装备测试氮水平，同时也测量地面对照实验的氮水平。地面实验和空间实验的植物，都分别种植在独立的种植箱中，在植物的整个生命周期，持续对氮水平进行测量。同学们提出的假设是，与地面对照相比，红三

叶草在太空微重力环境中发芽后，会释放相同数量的硝酸盐。在创造太空适宜生长和收获植物方面，本研究又向前推进了一小步，不仅可以帮助丰富未来的食物来源，还具有医疗方面的额外好处。选择红三叶草种子开展研究，是因为它们是一种农民经常使用的豆科植物，用于植物轮换生长，提高土壤肥力。这种植物能够回答太空土壤增肥问题吗？红三叶草在土壤中固定的氮是多还是少？虽然许多研究涉及了种子发芽，但是还没有一项实验涉及到豆科植物和变形菌门的共生关系。

（本实验在 SSEP 第 7 次任务中搭载飞行）

> **点评**：农业种植的学问很大，长期种植就要考虑保持好土壤的肥力，轮种不同作物以及利用豆类植物固氮是地球上常用的维持土壤质量的方法。同学们提出了研究太空中红三叶草的固氮能力，对未来的星际移民和太空农场，具有很好的参考价值。我们知道，红三叶草是水土保持的良好植物，为优良牧草，也可作绿肥。

69. 向日葵种子能否在太空生长

本项目小组的同学们提出研究向日葵种子在微重力下是否发芽的问题。他们的假设是：向日葵种子可以在微重力下发芽。以向日葵的种子、纯净水和盆栽土为实验材料，利用 FME 试管送入太空。在国际空间站上，航天员打开夹子将

向日葵

水注入土壤和种子中，并通过摇晃进行混合。选择向日葵种子是因为其有益于健康，可作为食物来源。返回地球后，分析种子是否生长了根，是否开始发芽。

（本实验在 SSEP 第 7 次任务中搭载飞行）

点评：这是一个简单的植物种子发芽的实验，比较特别之处在于，实验对象向日葵种子为首次搭载。我们知道，向日葵除了外形酷似太阳以外，花朵明亮大方，适合观赏摆饰，种子更具经济价值，不但是受人喜爱的葵瓜子，更可榨出低胆固醇的高级食用葵花油。

70. 种子在微重力环境下发芽时根的生长方向

　　我们知道地球上种子向上发芽，实际上种子通过重力识别出上方。它们即使是在完全黑暗的环境中也会向上生长。但是，微重力情况下是什么样的呢？种子发芽会有特定的方向吗？如果是，会向什么方向生长呢？本实验中，项目小组的同学们使用了类型 3 的 FME 试管。在试管中间部分为水，用来使种子发芽。在试管底部，是干燥的土壤、种子及空气。在试管顶部，为 70% 的乙醇，用于在返回地球前使种子停止生长。这样，获得的结果是仅受到太空生长环境的影响，而没有受到返回地球后任何重力的影响。同学们希望通过这个实验，对种子发芽有更多的了解。

（本实验在 SSEP 第 8 次任务中搭载飞行）

洋葱根

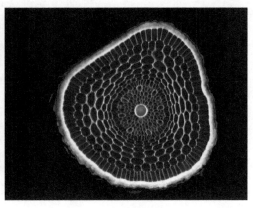

根的横截面

点评：植物生长过程中，根部生长不仅具有趋向重力的特点，还具有向水源方向生长的特点。在没有重力的条件下，种子的根会向什么方向生长呢？同学们的这个实验，对于我们了解植物重力感受器的作用机理具有参考价值。

71. 微重力条件下的向地性

植物根

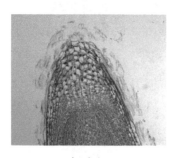

根生长

本项目小组提出研究微重力环境下洋葱是否有向地性的问题，向地性是重力影响植物定位的过程。科学研究表明，植物生长激素浓度的变化，可能是向地性背后的潜在动力。重力帮助植物确定上和下的方向，并据此调整自己的位置。无论你以怎样的位置放置植物，根和叶都会因为向地性而向相反的方向生长。但是向地性在微重力条件下是否仍然有效？植物是否能够正确地定位，使根和叶仍能向相反的方向生长？同学们将重点观察植物种子的发芽，并确定在没有重力作用的条件下，植物的根和叶是否仍然朝相反的方向生长。同学们提出使用类型 2 的 FME 试管，材料包括水、氧气和洋葱种子。同学们计划让洋葱种子在太空中发芽，在第 5 天，请航天员将水和种子混合在一起，终止其休眠过程，开始发芽。返回地球后，同学们将与地面生长的种子进行比较。

（本实验在 SSEP 第 3 次任务中搭载飞行）

点评：向地性是太空植物研究的一个重要方向，同学们提出了利用洋葱种子，开展微重力条件下的植物向地性研究。一方面洋葱是西餐中不可或缺的食材，生活中必不可少，研究洋葱的价值较高，但是在实验设计上，因为没有利用固定剂及时终止生长，因此返回地球到交付样本这段时间，洋葱种子会重新受到重力的影响，因此会对实验结果产生一定的干扰。

72. 微重力对大豆种子发芽向光性和向地性的影响

　　植物对于地球上的生命非常重要，对于太空中的生命同样重要。植物可以当作食物，帮助补充氧气的供应，并且可以间接地帮助未来的太空旅行者循环利用空气和水。项目小组的同学们已经开展了需求研究，试图寻找在太空中种植植物的快速有效方法。问题是太空中种植植物和地面种植植物完全不同。面临的挑战有：缺少重力以及自然光。同时，植物能够使用的空间也非常有限。同学们想知道植物在太空中是如何开始生长的。他们选择了研究大豆的发芽。他们提出把大豆种子送入太空，并在地面复制相同的对照实验，观察微重力环境对于大豆的发芽是否存在影响，他们想观察在太空中大豆的发芽与地面有何不同。向性是指生命体对于外部刺激如重力的生长活动，我们已经知道有三种不同的向性：向光性是指植物朝向光的活动；向地性是重力引起的活动；向水性是指朝向水的活动，常见于植物的根部。本实验中，同学们试图回答的问题是：微重力条件对大豆发芽的向光性和向地性有何影响。

（本实验在 SSEP 第 6 次任务中搭载飞行）

点评：本研究对研究背景交代得非常详细，介绍了太空中种植植物面临的挑战：微重力和缺少自然光，并解释了植物生长的三种不同向性。同学们提出的实验是，利用大豆种子开展微重力条件下的向光性和向地性有何不同的研究。

豆　　　　　　　　　发芽

棉花

73. 微重力是否影响棉花种子发芽

本项目小组的同学们提出研究微重力是否影响棉花种子的发芽率。选择棉花种子，是因为研究已经证明，棉花种子可以在国际空间站上发芽。棉花种子发芽的研究将使科学家更好地了解微重力环境下的种子发芽。棉花籽油具有多种用途，如食物添加、皮肤护理和医疗等，这对于长期飞行任务来说是很有好处的。在试管的腔 1 中，有 7 颗用毡包裹好的种子，中间的腔 2 中为 5ml 的纯净水，腔 3 中为另外 7 颗用毡包裹好的种子。过去研究已经证明，毡是种子发芽的良好介质。棉花种子要与发芽的材料紧密接触，裹紧有助于发芽。返回地球后，运输时需要用冰袋。在微重力条件下，到达空间站 2 天后，航天员开始启动第一批棉花种子生长，第二批种子在返回地球前 14 天启动。棉花种子的发芽速度为 7—14 天。

（本实验在 SSEP 第 7 次任务中搭载飞行）

点评：对于种子发芽，同学们研究最多的是西红柿种子，用棉花种子进行研究尚属首次，得到的结果有助于我们更好地理解太空中的种子发芽。

74. 微重力对水培植物种植有什么影响

水培法

一磅食物要花费数千元才能送入太空，因此航天员的饮食成本很高。食物要在地面生产、加工、冻干，然后送入国际空间站。通过使用水培法，将植物种植在营养液中而不是土壤中，同学们希望找到一种在微重力下生长植物的方法，降低太空运输成本，并提供新鲜食物。我们将使用类型 2 的 FME 试管，将扁豆种子用多孔泡沫包裹，放在主试管内，水培营养液保存在另一个腔中。同学们相信，种子会在微重力下发芽，项目小组将观察植物的木质部和韧皮部以及其他结构特征。在地面，这个过程主要取决于向地性，向地性使得植物根和茎分别向下或向上生长。如果实验证明正确，可以为太空农场带来曙光。同学们希望未来我们可以不再需要向国际空间站运输食物。

（本实验在 SSEP 第 3 次任务中搭载飞行）

点评：要解决运输食物到国际空间站非常昂贵这个问题，在太空中进行作物种植是必由之路。同学们提出了用扁豆种子研究水培种植在微重力条件下的生长情况，获得的知识为太空农场确实会带来曙光。

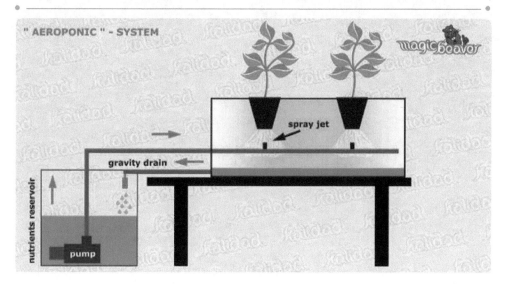

水培法

75. 水培和微重力

　　该研究小组的研究建议是，与地球上相比，太空中的水培在植物的大小、颜色和口感方面有何差异。同学们开展实验就是想知道在太空中进行水培是否比地面上更有效率。同时也想帮助解决世界上的饥饿问题。如果能够知道太空中食物是否生长得更快，水培就有可能帮助解决世界饥饿问题。因为水培在地球上很有效率，也许在太空中更有效率，这样世界饥饿问题可以通过太空水培进行解决，就可以为世界上贫穷和饥饿的人提供食物。从大小来看，水培植物可以大也可以更小，也可以保持大体相同。从味道来讲，可能吃起来味道更好或更差。现在，地球上的水培比土壤栽培更有效率。同学们担心的是，太空水栽培会因为植物生长结构的变化，从而产生负面影响。

（本实验在 SSEP 第 6 次任务中搭载飞行）

点评：同学们的这个实验的具体操作描述非常少，更多的是交代了开展太空水培研究的目的和主要意义，甚至可以使地球上受益，帮助解决世界上的饥饿问题。

水培法

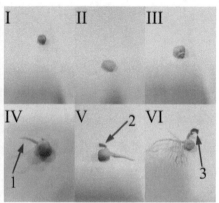

发芽

76. 微重力与地面相比种子的发芽率差别

该项目小组同学们提出的问题是：与地球相比，微重力下有多少种子能发芽？该团队的同学们正在研究太空中种子的发芽率。研究的目的是，看生菜是否能够在太空成功生长，成为未来航天员的营养蔬菜。因为在适当的条件下，生菜生长迅速，同学们认为它会是航天员很好的营养来源。

研究种子在太空如何发芽可以为航天员提供多种帮助。这可以有效降低任务中航天员需要携带的食物数量，并因此降低燃料费用。当航天员进行更长距离的飞行时，补给运送食品很难实现，因为这会需要太多的火箭运载质量。如果航天员能够自己种植食物，那么这些新鲜食物可以帮助执行长期飞行任务的航天员维持健康。同样，如果任务延长了，航天员也不用担心面对食物消耗完之后的困境。

（本实验在 SSEP 第 5 次任务中搭载飞行）

点评：微重力下植物种子的发芽率是开展太空植物种植需要掌握的知识，同学们提出了用生菜作为研究对象，这是一个很不错的选择。实际上，生菜作为未来太空中受控生态生保系统的生物部件，已经在地面开展了大量研究。同时，生菜也是西方人日常必不可少的蔬菜，针对性很强。

77. 卷心菜种子在太空是否发芽

　　同学们提出的项目是研究皱叶甘蓝在太空中的发芽。如果皱叶甘蓝种子在微重力下发芽，对航天员来说，这是很好的事情，因为这会给航天员带来更多的营养，也是一种新鲜食物的来源。我们选择皱叶甘蓝是因为它富含维生素 B1、钙、铁和锰，也是很好的膳食纤维来源，还有维生素 C、K、B6、叶酸和锰。同学们的假设是皱叶甘蓝种子可以在太空发芽。

（本实验在 SSEP 第 3 次任务中搭载飞行）

> **点评**：这是一个由小学 5 年级的学生小组提出的，尽管描述得简单，但是他们也按照要求完成了相应的操作和设计。对他们而言，也是一次很好的锻炼。

卷心菜

78. 微重力是否影响大豆种子的生长

本实验试图了解微重力是否影响大豆种子的生长。本实验使用了去离子水、无菌土壤、肥料和干大豆种子。等量的消毒土壤和肥料混合在一起，试管中装入 4ml 的混合物，三颗干大豆种子分别称重，并放入混合物的中间，对每颗种子的重量都进行记录。两个安培瓶分别装入 0.92ml 的去离子水，放入 FME 试管中。航天飞机到达国际空间站 2 天后，打开第一个安培瓶将水释放到试管中，返回前 14 天再释放一次水。同时在地面开展对照实验。返回前，对种子进行观察，并记录数据。观察包括种子重量、叶子长度以及生长阶段。本实验将确定微重力是否影响种子的生长。如果证明微重力可以让种子生长，就可以在太空中种植植物，作为可再生食物，这些植物可以吸收二氧化碳并释放氧气。太空中生长植物后，食品供应就不是一个大问题，航天员就可以在太阳系中走得更远，在空间站停留得更长。

（本实验在 SSEP 第 3 次任务中搭载飞行）

点评： 本次实验是在航天飞机上搭载的，同学们提出了研究微重力对大豆种子生长的影响，实验过程描述得比较详细，实验的意义也交代得比较清楚。

动物实验

79. 微重力对脱水的和活的水熊虫的影响

极端环境下能生存的缓步类动物水熊虫

本建议主要聚焦两个实验。首先是观察脱水的水熊虫在微重力环境下与在地球上相比，是否有任何结构和行为上的差异。第二个实验内容基本相同，主要是测试活水熊虫的条件下。水熊虫因其耐受严苛条件的能力而众所周知。同学们想测试在太空脱水和激活水熊虫的条件下，它们是否能存活，或者是否会有不同的行为。地面上会同时开展相同的对照实验。微重力飞行6个星期后，样本返回地面，并用显微镜进行观察。然后，研究小组将比较地面对照试验及两个天上实验，观察并研究其结构和行为方面的差异。

（本实验在 SSEP 第 4 次任务中搭载飞行）

点评：水熊虫 (Water Bear) 也称水熊，又称缓步虫，是对缓步动物门生物的俗称，有记录的约有900余种，水熊虫体型极小，必须用显微镜才能看清。水熊虫是地球上生命力最强的生物，可以在没有防护措施的条件下在外太空生存，在喜马拉雅山脉 (6000m 以上) 和深海 (4000m 以下) 都能生存。

80. 缓步类动物在微重力下能否存活

缓步类动物为嗜极微生物，能适应非常恶劣的环境，可以在几乎所有的陆地环境中生存。当缓步类动物进入极端温度、压力、脱水、缺氧或高辐射环境中，通过一种叫做隐生的过程，可以停止所有的代谢过程。缓步类动物在这种恶劣环境中可以存活数年时间，一旦进入正常环境，就很快可以恢复活动。过去的实验证明，缓步类动物通过难以置信的进化策略，可以在恶劣的太空环境中生存。我们设计的实验将进一步扩展这些实验结果，分析起始状态为活跃的和稳定状态的缓步类动物，是否能够利用隐生策略在暴露于微重力条件下存活6周。

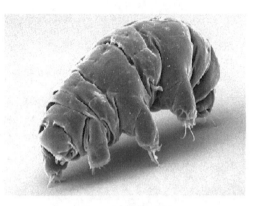

水熊

提出的实验可以显著影响未来的太空探索，并说明地球生命起源于地外的可能性。如果大量的缓步类动物经历微重力暴露后仍然能够存活，这样的结果就可以引出进一步的问题：关于将缓步类动物的隐生机制引入到人体的可能性。这使得科学家可以通过引入可逆的冬眠状态，从而能够长时间进入深远的太空。此外，缓步类动物适应恶劣环境的能力说明，他们是从不稳定的环境中进化而来的。如果实验结果表明，大量的缓步类动物暴露于微重力后仍然可以存活，很可能缓步类动物起源于外星球，并通过陨石或太空碎片来到地球。

（本实验在 SSEP 第 7 次任务中搭载飞行）

点评：同学们提出的这项研究，不仅可以为地球生命的起源研究提供新的证据，而且其机理的深入研究，也有着潜在的应用，如果航天员能够像缓步类动物那样进行冬眠，就可以再现电影《阿凡达》中的场景，航天员通过冬眠前往遥远的星球，而不必担心后勤保障等问题了。

81. 微重力和增加辐射水平对野生型和转基因秀丽隐杆线虫的生理影响

该项目小组提出研究微重力和升高的辐射水平对两种秀丽隐杆线虫各系统的影响，同时，在地面进行相同的对照实验。第一种品种是野生型的。第二种是 daf-2 基因转化的，这种基因可以使秀丽隐杆线虫的寿命增加一倍，

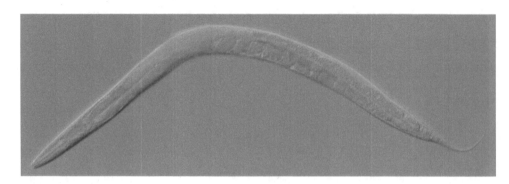

秀丽隐杆线虫

同时也可以使其他物种寿命增加，包括人类。同学们假设是，微重力和增加的辐射水平会显著影响秀丽隐杆线虫生物系统的生理特征，并对 daf-2 转基因有负面影响，并因此减少转基因秀丽隐杆线虫的寿命，尽管其仍然比野生型寿命长。同学们利用电子扫描显微镜和带有立体镜头的立体光学显微镜对返回的样本进行观察，其余样本每日通过 X25 显微镜观察，看变化的繁殖周期和寿命的变化。因为已经对秀丽隐杆线虫进行了大量实验，并对其细胞的发育模式进行了跟踪，因此不难发现其差异。这些信息可以为将来的太空飞行人员提供参考，准备应对微重力及增加的辐射水平的潜在副作用。

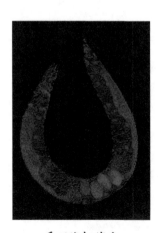

秀丽隐杆线虫

（本实验在 SSEP 第 1 次任务中搭载飞行）

点评: 秀丽隐杆线虫是一种无毒无害、可以独立生存的线虫，其个体小，成体仅 1.5mm 长，是分子生物学和发育生物学研究领域常用的模式生物。利用该线虫研究微重力和辐射对生物的影响，可为深入了解失重及辐射的生理效应提供参考。

82. 微重力下秀丽隐杆线虫中的鞘磷脂酶（ASM-2）水平

　　长期航天飞行中，航天员出现的肌肉萎缩是一个大问题。此外，肌肉萎缩也是多种疾病的症状，如肌萎缩性脊髓侧索硬化症（ALS）、中风和癌症。引起肌肉萎缩的最重要因素是氧化应激。一项针对患 ALS 病大鼠的氧化情况研究发现，鞘磷脂酶（ASM）浓度水平明显增加。研究已经证明，ASM 会产生神经酰胺，这是一种引起氧化应激的重要因素。一些研究显示，ASM 会引起神经酰胺水平的升高，加重氧化应激，但是更加深入的研究并不多。秀丽隐杆线虫是一种常用于生物学研究的小型土壤虫子，其身体小，并且与人的基因具有相似性。本研究的目的是，确定微重力环境下秀丽隐杆线虫体内 ASM 水平的变化。同时，在地面开展完全相同的对照实验，进行天地比较。本研究可帮助确定 ASM 是否为造成航天飞行中航天员肌肉萎缩的原因。肌肉萎缩不仅对长期航天飞行，并且对多种疾病都是很重要的问题，这个实验的目的是寻求研究肌肉萎缩的机理。而且，也为将来进一步研究 ASM 及其在肌肉萎缩中的作用打开大门，对未来有积极作用。

（本实验在 SSEP 第 8 次任务中搭载飞行）

点评：航天员在太空失重环境下长期飞行，会出现肌肉萎缩和骨质疏松的问题。一般认为，生物学上的"用进废退"是其主要原因。这个项目小组的同学从引起肌肉萎缩的另一个因素"氧化应激"进行探索，并利用秀丽隐杆线虫作为研究对象，确定鞘磷脂酶是否有可能是引起肌肉萎缩的原因，为该领域的研究带来新的思路。

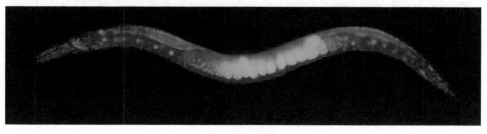

秀丽隐杆线虫

83. 微重力是否改变真蜗虫的再生？

同学们的实验针对的是再生的问题。与人的基因类似的生物，微重力对其再生有何影响？真蜗虫和人的再生细胞方式类似，都是利用多能干细胞。多能干细胞可以分化成有机体的任何类型细胞，了解这些细胞的工作原理，对于医疗领域具有巨大潜力，可以治疗目前还没有办法治愈的一些疾病。

真蜗虫可以利用身体的多能干细胞再生出全新的身体。根据这个事实，同学们的实验将真蜗虫从中间切开，以观察微重力对真蜗虫的再生和愈合的影响。他们假设，微重力下的真蜗虫能再生更大的体积，因为没有重力作用在新细胞上。此外，他们相信在没有重力的情况下，真蜗虫的平衡感会关闭，这意味着新形成的身体结构，可能会存在缺陷。

（本实验在 SSEP 第 3 次任务中搭载飞行）

点评：真蜗虫是一种扁形动物，生活于淡水，再生能力及耐饥饿能力很强，常用做教学和科研的实验材料。在良好条件下，把真蜗虫切成5~6段，每段都能长成一个正常的真蜗虫。利用真蜗虫研究微重力对再生的影响，可以帮助理解太空中受伤后的伤口愈合，对其机理的了解，还有着巨大的应用价值。

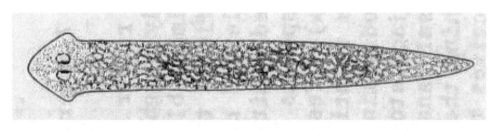

真蜗虫

84. 微重力对赤子爱胜蚓堆肥的影响

　　这个项目小组提议将蚯蚓送入太空，获取相关科学知识，为将来的太空旅行提供帮助。2015 年 8 月 10 日，国际空间站上的航天员收获并品尝了长叶莴苣，这是他们 7 月份种植的。赤子爱胜蚓吃植物的残渣，然后分泌营养物质帮助新的植物生长，这个过程叫做堆肥。正如帕特里克曾经说过，很多因素会影响到堆肥，"但是，蚯蚓是堆肥的真正英雄"。该项目进入太空后，将研究赤子爱胜蚓在微重力下如何生长和发挥作用。在微重力条件下，航天员会发生骨质和肌肉质量的丢失，但是赤子爱胜蚓没有骨骼，它们使用肌肉钻过土壤。同学们想知道赤子爱胜蚓在微重力下是否能够钻过土壤。赤子爱胜蚓同时也是堆肥厕所非常重要的组成部分，堆肥厕所将粪便与其他废物分开，粪便进入大金属罐中，在金属罐内，赤子爱胜蚓可以将废物转化成肥料，用于生长食物。如果赤子爱胜蚓可以在太空生存，我们就可能有全功能的太空花园，赤子爱胜蚓可以将航天员产生的大便堆成土壤肥料。赤子爱胜蚓在太空堆肥，航天员就可以自己种植食物了，这样就能减少运送到空中的食物。同时，赤子爱胜蚓还可以减少废物存储罐的成本，也就是指用于处理人体废物的存储罐。

（本实验在 SSEP 第 9 次任务中搭载飞行，
SSEP 第 6 次任务中也曾搭载飞行红虫实验）

点评：在地面进行种植时，蚯蚓不仅可以松土，还可以通过堆肥使土壤更加肥沃。同学们提出研究微重力条件下赤子爱胜蚓是否可以像地面一样发挥作用，可为将来的太空农场高效种植打下坚实基础。

蚯蚓

85. 微重力条件对鱼类生长的影响

  这个项目组的同学们提出以斑马鱼为研究对象，研究微重力条件对鱼类生长情况的影响。斑马鱼 (zebra fish) 为常见热带鱼，体长 3—4cm，具有顽强的生命力。斑马鱼和人类基因有着 87% 的高度同源性，作为模式生物的优势很突出。斑马鱼的胚胎是透明的，生物学家很容易观察到药物对其体内器官的影响。此外，雌性斑马鱼可产卵 200 枚，胚胎在 24 小时内就可发育成形，这使得生物学家可以在同一代鱼身上进行不同的实验，进而研究病理演化过程并找到病因。由于斑马鱼个体小，养殖花费少，能大规模繁育，使得它在科学研究

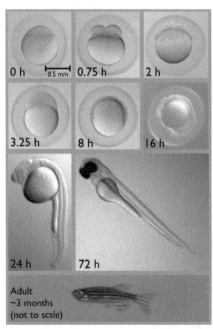

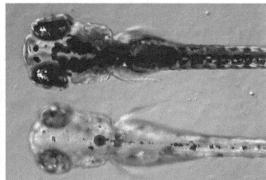

斑马鱼

中有着广泛应用，甚至还常用于水质环境的监测。

  同学们提出这个方案，目标是为未来执行长期飞行任务的航天员寻找肉类食物的来源。如果微重力条件下鱼的生长出现问题，将来就不能将鱼作为航天员在太空中的食物来源了。微重力环境也许不适合鱼产卵。为了回答这个问题，项目组的同学们将斑马鱼的胚胎暴露在微重力中，然后将孵化出的胚胎和发育情况，与地面对照试验进行比较，从而回答前面提出的问题。根据研究得到的信息，就可以推测未来将更多的大型鱼作为航天员食物的可能性。也可以

利用斑马鱼身上得到的信息来推测微重力环境是否适合养殖鱼。

（本实验在 STS-134 次任务中搭载飞行）

点评：未来人类要进行载人火星探索等长期深空任务时，携带航天员所需的全部食物，基本上是不现实的。因此，通过"太空农场"就地生产航天员所需的食物，成为不二的选择。鱼类是航天员获取蛋白质的一个重要途径，研究鱼类在太空能否正常生长发育，有利于建立未来的"太空鱼塘"，研究小组选择了个头小、生命力强、广泛使用的斑马鱼作为研究对象，具有很好的可操作性。

86. 太空中的鳉鱼

Photo credit: Howard Jelka

鳉鱼

该项目小组的同学们提出将休眠的鳉鱼卵送入太空。到达国际空间站后，航天员将这些卵进行复水，生长之后开始进行测试。通过研究，可以知道鱼的骨骼和肌肉是否受到了微重力的影响，在太空微重力环境下，没有地面上那样无时无刻不存在的重力的拖拽。实验的另一个原因是，因为鱼有肾脏，同学们想知道对于这样的小物种，微重力是否导致肾结石。实验结果将对航天员的健康保障提供参考。

（本实验在 SSEP 第 1 次任务中搭载飞行）

点评：本项目的研究描述比较简单，不仅研究微重力对鳉鱼的骨骼和肌肉力的影响，还研究其肾脏是否会生成结石。鳉鱼有着娇小玲珑的体态和鲜艳亮丽的颜色，并有着独特的繁殖方式，其鱼卵能够在干燥条件下完好保存，再次遇到水后，仍能正常孵化。

蝾螈

87. 微重力对蝾螈发育的影响

本实验将研究微重力对蝾螈发育的影响。同学们提出这项实验，是因为人们已经做过类似的试验，研究了青蛙在微重力下的发育，并且发现存在明显的天地差异。同学们想了解，与重力条件相比，两栖动物在微重力条件下是否有新的或类似的差异。在动物发育过程中，重力扮演了重要角色。同学们想通过研究深入了解，重力是否以及如何影响发育。通过这个实验得到的知识，可以帮助进一步开展其他生物在微重力中发育的探索，甚至是人类。对于本实验，同学们设计将 10 颗受精的蝾螈卵送入国际空间站，并在那里开始生长发育。在这些蝾螈从空间站返回前，航天员将样本与福尔马林混合，停止生长。返回地面后，观察样本是否存在缺陷，并与地面的对照实验进行比较。

（本实验在 SSEP 第 4 次任务中搭载飞行）

点评：蝾螈是有尾两栖动物，体形和蜥蜴相似，但体表没有鳞，它们大部分栖息在淡水和沼泽地区，主要是北半球的温带区域。它们靠皮肤来吸收水分，需要潮湿的生活环境，而环境温度下降到零摄氏度下以后，就会进入冬眠状态。过去研究过的两栖动物有青蛙，而以蝾螈为研究对象，可以帮助了解两栖动物对微重力的反应是否存在差异。

88. 微重力下三眼恐龙虾能否生长

　　本项目的重点是研究三眼恐龙虾作为蛋白质来源的可行性，以帮助微重力条件下维持生命。除了基于植物的食谱，开发富含蛋白质的食物来源，并能够符合空间站的限制条件，非常有必要。同学们提出研究三眼恐龙虾在微重力条件下是否能够孵化和很好地生长，是否可能作为长期飞行条件下的一种可能的蛋白质来源。

（本实验在 SSEP 第 5 次任务中搭载飞行）

三眼恐龙虾

　　点评：三眼恐龙虾是典型的水底栖居动物，主要食有机体的碎屑，或者捕捉小的水生物和它们的幼虫。它的卵有很强的生命力，池塘水和湖水干枯许多年以后，卵还会存活，有水后还会孵化出来。将三眼恐龙虾作为太空蛋白质来源进行研究，是一个新的视角。

89. 微重力中的三眼恐龙虾能否滤除水中细菌

　　科学家希望把人送到其他星球，并在那里长期生活。这样，就需要各种管线设施，但是，在其他星球或太空中，用什么方法清理管线中航天员产生的生活废水呢？三眼恐龙虾也许能发挥作用，因为它们以微生物为食，如细菌、藻类、蚊子幼虫和水蚤等，这些生物使得水不安全，不能饮用。三眼恐龙虾是小型甲壳类动物，自史前时代就生活在地球上，它们是滤食动物，可以将水源中的有害生物去除。同学们提出这个实验，希望知道三眼恐龙虾在微重力条件下

是否能像地面一样滤除池塘水中的细菌。实验样本返回地球后，在博伊西废水处理设施对水进行分析，看水里还有哪些细菌存留，分析使用异养性平板计数方法。同学们也会测量微重力下孵化的三眼恐龙虾的质量，并与地球实验对照进行比较。水对于生命至关重要，饮用水必须清洁，如果不清洁，就会对饮用的人或动物造成伤害。如果三眼恐龙虾在太空功能正常，航天员就可以将三眼恐龙虾释放到水中发挥清洁作用。

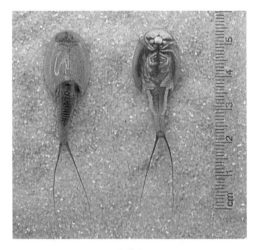

恐龙虾

（本实验在 SSEP 第 9 次任务中搭载飞行）

点评：太空中的废水处理是一个大的问题，因为太空中水必须要循环利用，同学们提出研究利用三眼恐龙虾去除废水中的细菌和有害微生物，是一个很好的设想，因为生态的方法有助于实现真正的绿色循环。

90. 微重力对干湖丰年虾的影响

同学们提议将干湖丰年虾送入国际空间站，目的是研究微重力是否影响这些丰年虾的肌肉。同学们的假设是，在微重力环境下孵化丰年虾卵，孵化出的丰年虾体型将比较小、发育不足，并可能会因为缺少肌肉而不能游泳。同学们

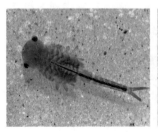  

丰年虾

选择干湖丰年虾，是因为其身体较小，并且认为可以将发现的结果与微重力下航天员发生的肌肉丢失相联系。通过实验，可以拓展对微重力下肌肉丢失的理解，并可能帮助寻找预防方法。

同学们想知道，丰年虾在太空微重力下是否能够孵化和发育。他们预测，太空微重力条件下，卵没入水中后就开始生长，但它们发育的肌肉质量较少，并可能有生长缺陷或者形状或大小发育异常。

同学们想了解干湖丰年虾发育过程中的肌肉丢失与航天员的肌肉丢失有何不同。他们从其他研究中得知，与航天员的肌肉丢失相比，有些动物的肌肉丢失比例更高，他们想知道丰年虾是否也是如此。

（本实验在 SSEP 第 6 次任务中搭载飞行）

点评：了解丰年虾在失重条件下的肌肉丢失情况，可为深入了解动物失重性肌萎缩提供新的线索。丰年虾，富含蛋白质和脂肪酸，是鱼类、虾类等幼苗的良好饵料，广泛分布于陆地上的盐田或盐湖中。此外，丰年虾的卵容易采集，能保存数年之久，而从卵孵化成无节幼虫只需一天时间，培养容易，便于开展实验。

91. 微重力对家蝇早期发育的影响

本项目小组提出的实验将研究微重力条件下家蝇从蛹到成虫的生长过程。虽然家蝇是我们熟知的病菌携带者，但它也是理想的发育研究对象，因为它容易获得，并且其大小也适宜太空中受限的实验环境。家蝇的平均生命周期为 1—2 周，但蛹可以休眠 1 个月的时间，成年家蝇在冷环境中也可以进入为期 2 天左右

家蝇

的休眠期。本实验中，同学们将休眠的家蝇蛹运送到国际空间站微重力环境中，通过升高温度，使之脱离休眠状态、开始发育，并最终从蛹中孵化出来。然后，请航天员用百灭宁和甲醛混合溶液杀死家蝇，操作过程中要确保能够很好地保存样本并且不能有任何损伤。样本返回后，在地球对家蝇尸体进行宏观和微观变化的检查。通过对家蝇发育的影响实验，就可以确定在微重力作用的情况下，其发育和地面是否差异。如果观察到了发育上的差异，就可以研究荷尔蒙梯度上的潜在差异，因为缺少重力可以非常容易地影响到梯度。发育差异的意义是很广泛的，因为太空旅行越来越普遍，生命在太空长期存在正在成为现实。

（本实验在 SSEP 第 6 次任务中搭载飞行）

点评：家蝇因生命周期短，成为发育研究领域的理想对象，同学们提出将休眠的蛹送入太空，在微重力环境下进行孵化，可操作性强。实验设计中，为确保研究结果不受返回地球过程及交付过程的重力环境"污染"，采用在轨杀死并保存家蝇样本的方式，"冻结"发育状况，并与地面对照试验进行比较，还提出了荷尔蒙梯度差异的研究方向。

92. 外太空中的蚊子

同学们提出的实验是为了测试微重力下亚洲虎蚊卵的发育与地面发育有何不同。发射前，亚洲虎蚊卵一直干燥保存。进入太空后，航天员打开夹子，将水引入，激活卵的发育。同学们相信，卵可以在微重力条件下孵化并能顺利成长为幼虫。在地面，蚊的幼虫会浮在水面进行呼吸，并成长

亚洲虎蚊

为蛹。蚊子成熟为蛹后，同学们要求航天员利用试剂进行固定保存。但是，没有重力情况下，蛹缺乏上浮到水面的机制，因此我们推测蛹不能成熟。在地面我们

将进行相同的对照实验。当两个实验都完成后，我们就会比较其差异。

（本实验在 SSEP 第 6 次任务中搭载飞行）

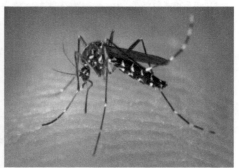

亚洲虎蚊

点评：微重力条件下生物的生长发育，是学生搭载实验关注的热点问题之一。而生长周期短、个头小的生物尤其受到青睐，这是因为空间搭载实验在实验周期、重量和体积方面有着严格的限制。同学们提出了，微重力条件下蚊子的卵能否发育为成熟的蛹的问题，并设计了本实验，这是过去同学们没有研究过的。

93. 微重力对果蝇影响的比较研究

果蝇

本小组提出的实验不仅研究微重力如何影响生物体的身体，还要研究生命体在微重力条件下如何出生和成长。本实验的研究对象为果蝇幼虫，这些幼虫在低温下可以休眠，是生物学实验中常用的样本。它们的基因与人有很多的相似之处，但体积要小得多。到达国际空间站前，幼虫一直处于休眠状态。到达国际空间站后，果蝇就暴露于温暖的环境中，开始生长和繁殖。几周后，航天员将停止实验，关闭夹子，将果蝇分成两

组，打开另一个夹子，将其中一个样本中注入固定剂。返回地球时，新出生的生物将与地面对照进行比较。从搜集的数据中，我们的合作研究者将分析微重力如何影响果蝇，并确定太空出生的果蝇是否能在地球上生存。

（本实验在 SSEP 第 7 次任务中搭载飞行）

> **点评**：果蝇并不是第一次进入太空了，但同学们设计的这个实验还是有其特点：同一个实验中，同时让果蝇发育和繁殖，之后分成两组，一组注入固定剂，"冻结"发育过程，比较研究微重力对生长发育的影响；而另一组则带回地面，看太空中出生的果蝇能否生存，可谓一举两得。

94. 微重力下蜘蛛的发育

本实验将观察微重力如何影响圆蛛的发育。我们知道，NASA 曾经将圆蛛送入太空，观察微重力对成年蜘蛛的影响。从这个实验可知，蜘蛛可以在有水、没有食物的条件下存活 3 周时间。同学们希望开展进一步实验，观察微重力对蜘蛛卵发育的影响，并比较天上和地下孵化出的蜘蛛存在什么差异。他们将以毫米级的精度观察测量蜘蛛的大小，并观察其颜色和身体不同部位的物理发育情况，例如腿的数量等。

根据空间、照明和温度的限制，同学们同时设计了一个对照卵袋，将其置于水族箱中。因为他们希望了解蜘蛛在没有任何外部自然条件变化情况下的发育，并进行天地结果的对比。如果蜘蛛在太空中发育正常，就可以开展更多动物的孵化实验。这可以从多个方面带来好处，如制造食物

蜘蛛

链，甚至在太空生产新鲜鸡蛋。

（本实验在 SSEP 第 1 次任务中搭载飞行）

点评：本次实验，同学们选择了圆蛛作为实验对象，观察在太空中的圆蛛卵是否能够正常发育，但目的还是很有意思的，希望未来能够在太空生产新鲜鸡蛋。当然，还有其他同学已经将类似的实验送入过太空，比如第二次任务中搭载了跳蛛的卵。

95. 太空中的瓢虫

瓢虫

瓢虫是一种甲虫，身上红色圆形带黑点的壳是它标志性的外观。作为益虫，瓢虫对于有机农场或花园来说是必不可少的，它们能吃掉对植物或花园有破坏作用的各种害虫。瓢虫主要以蚜虫和昆虫为食，这些害虫会吸食植物的汁液。感染蚜虫后，农作物会被杀死，甚至整个花园都会被毁掉。而一只瓢虫可以吃掉 5000 只蚜虫，对于不想使用化学杀虫剂控制蚜虫的农民来说，瓢虫简直就是无价之宝。同学们提出实验的根本目的是，研究在太空如何更好地生长植物，为未来移民火星等其他星球做准备。瓢虫对于控制太空农场中的害虫是很有帮助的，本研究将调查微重力环境是否影响瓢虫的生命周期。休眠的瓢虫卵、食物以及其他用于瓢虫生长的资源，同时送入国际空间站。返回地球时，微重力下的瓢虫状态将与地面对照实验的瓢虫状态进行比较，确定其生长差异。

（本实验在 SSEP 第 7 次任务中搭载飞行）

点评：这项搭载实验的目的是研究微重力对瓢虫生长的影响，而研究瓢虫的原因是，瓢虫是一种能够控制蚜虫的益虫，确实，如果将来太空农场发生问题，用瓢虫来控制，是一种有机的方法，避免了农药的使用。

96. 微重力下瓢虫的生命周期

　　该项目小组提出研究微重力对瓢虫生命周期的影响。在正常重力条件下，如果蛋白食物充足、温度适宜，瓢虫会在受精 2—3 个月后产卵。卵孵化 3—7 天后，幼虫就会出现，2—4 周后，幼虫变成蛹，成年瓢虫 5—7 天后出现。总之，瓢虫从卵到成虫需要 17 天—6 周的时间。如果环境发生变化，这些昆虫还会以相同的次序和节奏发育吗？虽然瓢虫仅是甲壳虫家族的一种，但这种具体生物可以帮助我们了解甲虫类动物对微重力有什么反应。

（本实验在 SSEP 第 8 次任务中搭载飞行）

点评：这个实验也是研究瓢虫的，但研究的内容是微重力对其生命周期的影响，并希望通过瓢虫研究，能够对甲虫类动物在微重力条件下的变化有所了解。

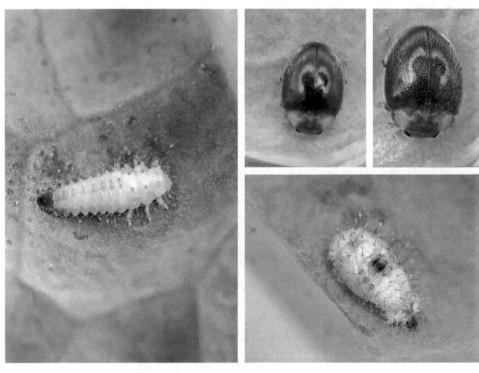

瓢虫生命周期

97. 太空养蚕

蚕原产于中国，以桑叶为主食，蚕茧是丝绸原料的主要来源，我们日常生活中的丝绸就是用蚕茧抽的丝纺织而成，在人类经济生活和历史文化上都有重要地位，同时，家蚕的基因已成为现代科学的重要研究对象。

景海鹏在太空遛蚕

"太空养蚕"实验是由香港基督教宣道会宣基中学的同学们设计提出的，通过实验观察蚕虫在太空的生长情况，并同步对比在地球生长的情况，找出两者的区别。养蚕装置经过多番改良，可减低蚕虫在太空中死亡的机会，同学们预计它们升空8天后吐丝结茧。"我们估计在失重情况下产生的蚕丝会比较粗，韧性较强，可应用于不同范畴，包括制作航天服"。最初的实验目的是在太空制作以太空蚕丝为原材料的太空飞行服，经调整后，重点研究蚕虫在太空的变态过程。

为了排除微重力造成物质飘浮的障碍，同学们特意为蚕虫设计了多功能箱子，利用物理学的对流原理，将蚕虫粪便输送到一个收集空间，保持卫生，并挑选了适合的太空饲料，令蚕虫获得充足营养。太空养蚕实验中，6只蚕宝宝中5只顺利结茧；返回舱着陆后，还将对这些蚕茧、薄膜等开展后续的科学研究，以期发现新的成果。

（本实验通过神舟11号飞船搭载，在天宫二号上实验）

点评：蚕是中国最具标志性的一种动物，丝绸出口贸易有着悠久的历史，选择研究太空失重环境对蚕的影响，很有意义。事实上，中国学生的太空养蚕梦由来已久，北京景山学校在航天飞机上搭载的蚕实验，因哥伦比亚号返回失事，折戟沙场。直到2005年中国发射的第22颗返回式科学与技术试验卫星上，养蚕梦才重新实现，12条蚕以及大量蚕卵经过18天的太空旅行后，顺利返回地面。北京景山学校实验组对

太空蚕在失重环境下的产卵、结网、生长等生理循环现象进行了详细的记录，取得了蚕在太空环境的变异情况数据。香港学生设计的实验更加深入，而且还瞄准了未来用蚕丝制作飞行服，很有新意。

太空养蚕

蚕宝宝的家

◎航天员在轨操作的限制◎

在国际空间站上，航天员会负责照料和操作 SSEP 实验载荷，并提前接受相关训练。但是，SSEP 学生载荷实验的操作要符合航天员的总体活动安排，也要确保航天员接受的训练能够覆盖所有的 FME 交互操作。

1. 可用的乘组操作日期

目前，国际空间站为 SSEP 学生实验提供了 5 个可用的乘组工作日。也就是说，在 ISS 飞行期间，航天员只能在这 5 个工作日期进行 FME 试管操作，学生团队只能针对这些日期提出操作申请，这些日期一般用 A+2（到达 ISS 后第 2 天）、U-5（航天器分离前 5 天）等表示。但是，这些日期并不是固定不变的，如果恰逢周末，就需要进行调整，因为国际空间站上航天员周末不安排工作。

确定在轨操作日期时应注意：在 FEM 抵达空间站之前，所有的实验都应处于休眠状态。如果你们团队的实验在混合启动前，一直为休眠状态，就可以在进入空间站后由航天员启动。此外，你们团队可能设计通过第二次混合终止实验，那么就需要确定返回地球前终止的时间范围，此时要特别注意可用的乘组操作日期。

2. 允许的乘组操作

NASA 还确定了许可的 FME 乘组操作列表，称为允许的乘组操作。学生团队设计实验时，必须确保实验设计不仅要求航天员在乘组操作日进行实验照料，并且只能申请进行允许的操作动作。不符合这些条件，则不能进入评审。

对于 SSEP 实验，有航天员允许操作的如下动作：

打开夹子；夹住（意思是重新夹住）；摇晃：轻轻摇晃、剧烈摇晃；持续时间可以为 5,10,20,30,60 和 90 秒；等待：两个动作之间的等待时间，如等待时间 XX 秒；每天可以提出申请的乘组总时间：每个 FME 在一个乘组操作日最长时间为 120 秒；

3. 类型 3 试管打开夹子顺序说明

为了避免人为差错，空间 1 和 2 之间的夹子为夹子 A，空间 2 和 3 之间的夹子为夹子 B，A 是第一个要打开的夹子，并标识为绿色。如果夹子 B 要和夹子 A 同时打开，也要标识为绿色。如果夹子 B 需要在晚些时候打开，则夹子 B 的颜色为蓝色。如果需要超出上述范围之外的操作，则需要沟通申请，但是申请通过的可能性很低。不能要求航天员观察 FME 中的变化，也不能要求进行记录拍照或摄像。

生物化学实验

98. 太空中肾结石的生长

草酸钙晶体

草酸钙晶体模型

肾结石是一种常见的疾病，如果饮水不足，每个人都可能会患上肾结石。NASA研究人员发现，飞行中航天员中患肾结石的现象在增加。同学们提出研究微重力如何影响草酸钙晶体的形成，同时想了解微重力下是否比地球环境下有更多的肾结石形成，并比较两种环境下结石生长特征的差异。项目小组希望，通过这个研究帮助科学家寻找到降低微重力下肾结石形成的方法。

（本实验在 SSEP 第 3 次任务中搭载飞行）

点评： 同学们提出这个研究项目，就是针对 NASA 研究发现飞行会导致航天员肾结石形成的增加，草酸钙结石是肾结石中最常见的形式，据报道 80% 左右的肾结石为草酸钙结石，同学们提出研究微重力条件下草酸钙晶体的形成特点，将有助于减少航天员在微重力条件下肾结石的发生。

99. 微重力下珍珠草能否溶解肾结石

同学们试图回答的问题是：微重力对珍珠草（Chanca Piedra）溶解肾结石有何影响？研究得到的结果可以让我们知道，珍珠草是否可以帮助航天员应对常常发生的肾结石问题。如果结石在微重力下不溶解，我们就必须寻找其他方法。在地球上，肾结石带来很大的痛苦，并引起应激反应。随着太空中肾结石出现频次的增多，会导致浪费很多原本可以完成其他工作的时间。航天员每天9 小时开展研究，8 小时睡眠，1 小时吃饭（因为要加热、抓取食物，然后吃掉），而且每天还要花 2 小时锻炼，帮助航天员应对骨和肌肉的丢失。在这个实验中，同学们将模拟人体内肾结石的消融。同学们希望能预防航天员的肾结石。他们将两块肾结石放在 FME 试管的容积 1 中，容积 2 中为珍珠草，容积 3 中为福尔马林。地面同时开展对照实验，并将实验结果进行天地比较。本实验的研究结果，可以帮助航天员应对肾结石的发生，更好地在太空生活。

珍珠草

（本实验在 SSEP 第 9 次任务中搭载飞行）

点评：珍珠草为叶下珠（phyllanthus niruri）的别称，因其具有排石功效，被形象地称为"碎石器（Stone Breaker）"。这项研究尽管没有交代实验的细节，但是研究的理由还是很充分的：帮助解决日益频发的太空肾结石问题。

100. 微重力对肌肉组织再生的影响

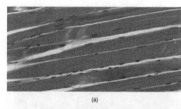

(a)

(b)

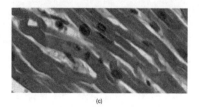

(c)

本实验的目的是分析在微重力环境中，研究组织再生因子 150mg（TRF-150）药品对小猪肩部肌肉组织再生的影响。采用定量和定性相结合的方法进行试验，确定在微重力环境中肌肉组织的再生情况。定量测量包括肌肉组织的密度以及氧气和葡萄糖的消耗量，而定性分析是将肌肉组织放置在扫描电子显微镜下观察，通过视觉检查肌肉组织再生了多少，以及再生组织的模式。本实验在类型 3FME 试管中进行，甲醛溶液和 TRF-150 分别置于试管两端，中间为带有小切口的肌肉组织，置于葡萄糖、蛋白质、氧气和睾酮溶

液中。本实验将帮助理解微重力环境是否有助于器官组织的再生。如果实验表明 TRF-150 再生能力增加，那么，在地球上就可以利用模拟微重力帮助肌肉损伤患者更好地康复。

（本实验在 SSEP 第 9 次任务中搭载飞行）

点评：经过亿万年的进化过程，地球上的生命体包括人类，已经完全适应了地球上的重力环境。进入到太空微重力环境后，人体会发生系列的适应性变化。同学们在本研究中提出的研究对象为肌肉组织，但并不是最热门的空间肌肉萎缩问题，而是选择了伤口的愈合问题。如果微重力可以促进伤口恢复，那么，研究结果就可以造福于地面上的人类了。

101. 微重力下金属基质蛋白酶 -1 对胶原蛋白完整性的影响

进入微重力环境后，航天员会面临皮肤衰老加速、伤口愈合困难以及骨质丢失等有害情况。微重力引起的氧化应激，会使金属基质蛋白酶 -1（MMP-1）释放到细胞外基质中，这是引起上述情况的重要原因，因为它会劈开胶原蛋白（皮肤的重要组分）、软骨和骨骼。在我们设计的实验中，将胶原蛋白放入含有或没有MMP-1 的生理缓冲液中，地面同步开展对照实验。6 周后测量胶原蛋白的损坏（太空对身体健康不利影响的潜在标志物），从而计算并比较特定

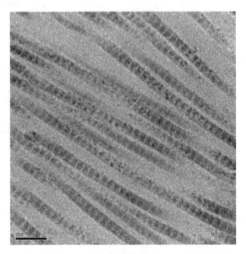

胶原蛋白

量 MMP-1 引发的断裂。我们的假设是，微重力条件下单位数量的 MMP-1 引起的胶原蛋白断裂更多。试验分析内容包括：冻干后胶原蛋白的重量、扫描电子

成像显微镜（SEM）成像、量化的结构变化。因为胶原蛋白是和结缔组织（皮肤、肌腱、软骨、血管和基底膜等）整合在一起的，了解胶原蛋白的退化速度能帮我们更好地理解航天员的疾病。我们的实验有望为医生治疗类似疾病提供参考，而研究外部机械力（主要是重力）对细胞结构的影响，可推动相关科学的发展。

（本实验在 SSEP 第 8 次任务中搭载飞行）

点评： 这是一个专业性相当强的搭载实验，提出这项搭载实验的同学们，对航天医学和细胞学有着非常扎实的基础。该实验提出研究微重力条件下 MMP-1 对胶原蛋白的影响，不仅可以丰富相关知识，还可为航天员某些疾病的治疗提供新的思路。

102. 微重力下抗体花生的变化

花生

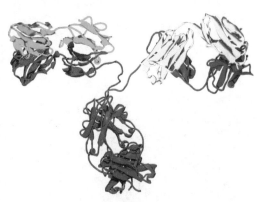

免疫球蛋白

　　本项目小组提出在国际空间站上开展市场上可以买到的花生酶连锁免疫测试。在微重力条件下，航天员的免疫系统会受到抑制，因此航天员在太空更容易受到感染。本实验提出的问题是：微重力是否也抑制过敏——另一种类型的免疫反应？过敏严重影响了人的生活质量，并造成数以十亿美元计的医疗经济成本。过去几十年中，过敏的数量和严重程度都在增加，特别是花生过敏。那么，有花生过敏史的人在天空会发生过敏反应吗？过敏的人会分泌过多的抗

体，这种抗体叫做免疫球蛋白E，这些抗体附着在免疫系统的肥大细胞上。在过敏反应中，抗体与过敏原混合，然后混合体与肥大细胞上的受体结合，引起肥大细胞释放组胺。在本实验中，花生的特异性抗体与花生蛋白在MixStix中混合，地面同时开展对照实验。通过实验结果的比较，确定微重力条件下，抗体花生的结合是受到了抑制、加强还是维持不变。研究结果将显示微重力对过敏反应的影响，这接下来会帮助我们更好地了解过敏是如何工作的，并帮助寻找地球上治疗过敏的方法。

（本实验在SSEP第7次任务中搭载飞行）

点评：仅从标题看，似乎是研究微重力对花生生长的影响。其实，这是关于微重力下花生过敏反应的研究。过敏在我们生活中大量存在，有些甚至有生命危险。同学们提出的这项研究可以帮助我们更好地理解过敏的机理，从而为更好地治疗过敏提供新的思路。

103. 人耳前庭系统能否在微重力下为生命体提供方向和平衡

海星

本实验提出利用海星的平衡系统，研究人耳前庭系统如何在太空中进行响应。选择海星是因为它们使用平衡系统来维持平衡，其工作机理为重力驱动，类似于人内耳的耳石器官。如果海星长时间不能维持平衡，就会死去。我们的一个假设是，微重力对于平衡系统没有任何影响，另一个假设是有影响。为了测试假说，我们将海星6条腿中的3条进行修整，然后装入小试管中，进入空间站前一直保持低温休眠状态。返回地球后，对其生长进行测量，每个海星测量其平均生长量。如果海星生长很少，可以推断海星一直消耗能量维持自身平衡，因此很少有能量分配给生长和繁殖。如果海星有显著生长和繁殖，就可以推断海星没有受到微重力的影响，分配给调整自己平衡的能量很少。地面进行两次对照实验，一次实验持续进行旋转刺激，另一个实验不进行旋转，这样微重力就是唯一不同的变量。通过进一步了解微重力的影响，我们可以更好地了解太空对人体的潜在应激作用。

（本实验在 SSEP 第 7 次任务中搭载飞行）

点评：航天员进入太空后，经常会发生空间运动病，类似于地面的晕车和晕船。运动病的发生与人感受重力和运动方向的前庭器官密切相关。本研究提出利用海星的平衡系统作为研究对象，间接研究微重力环境对人耳前庭系统的影响，还是很有新意的，研究结果对于空间运动病的机理和治疗都有很好的参考价值。

104. 微重力是否影响蛋白质结构的变异

在自然的重力环境中，蛋白质作为一种三维结构存在。本实验将研究微重力对大肠杆菌绿色荧光蛋白（GFP）三维结构的影响，实验使用 GFP 转基因的大肠杆菌作为研究对象。分子生物学家通常使用大肠杆菌的蛋白合成能力在 10-150kD

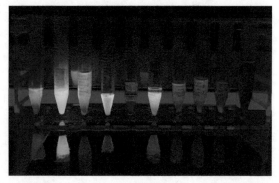

荧光蛋白

大小范围来表达重组蛋白。选择 GFP 是因为其圆筒形状和强疏水性以及作为蛋白的稳定性。即使细菌细胞被打开，GFP 也会完整地保持一段时间或者直到来自大肠杆菌的蛋白酶开始吞噬消化它。降低营养液的 pH 值以增加蛋白质的错误折叠。实验使用了甘油，因为它能减慢细菌的生长速度，而同时并不会损坏蛋白质。这个实验很有意义，因为如果微重力引起更高比例的错误折叠蛋白质，就会引起蛋白质向细胞发出错误的信息，可能会引起短期或长期的健康问题。人们认为错误折叠的蛋白质是引发许多退行性或神经退行性疾病的主要原

因，如阿兹海默病、帕金森病等。这些疾病发展缓慢，通常没有什么症状，直到错误折叠蛋白有了一定积累。了解微重力是否促进或减少错误折叠的 GFP，可以帮助预防长期飞行航天员的健康问题，并为将来提供新的治疗方法。

（本实验在 SSEP 第 7 次任务中搭载飞行）

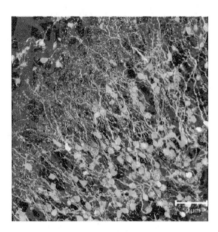
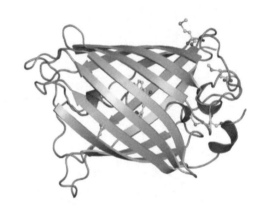

绿色荧光蛋白

点评：正如作者所言，很多我们熟知的疾病，如阿兹海默病、帕金森病等都与蛋白质发生折叠错误有关，研究微重力条件是否增加或减少蛋白质折叠错误的发生，可以帮助维持航天员的健康，并为相关疾病的治疗提供新的思路。

105. 微重力下灵芝对抗慢性髓性白血病

项目组研究的问题是：微重力对于灵芝减弱、损毁或杀灭慢性髓性白血病细胞有什么影响？我们将灵芝和 K562 白血病细胞送入微重力环境中。我们使用 3 个 FEM 试管。一个在国际空间站上，第二个在地面上同步开展对照实验，第三个在地面上，放入 K562 白血病细胞，观察其生长速度与其他试管中的生长速度差别。这项研究很有意义，因为我们想知道灵芝对抗白血病的效果以及微重力的影响。灵芝在中国已经有 4000 多年的使用史，并显示出很好的疗效。慢性髓性白血病（CML）是开始于骨髓的癌症。我们知道骨中央的软组织帮助形成血液细胞，而 CML 引起不受控制的骨髓细胞生长，这是一种类型的白细

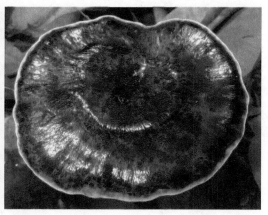

灵芝

胞。我们相信，灵芝会引起各种人体癌细胞的周期阻滞及凋亡，这在过去的研究中已经证明。

（本实验在 SSEP 第 6 次任务中搭载飞行）

点评： 中医药在世界上的影响力越来越大，美国中学生都把中药灵芝作为研究的对象了。灵芝在中国是一种家喻户晓的名贵药材，具有补气安神、止咳平喘的功效，已有 2000 多年的药用史。中西医的最大差异是，中医强调整体观念，注重对人的综合调理，这也许非常适合航天员进入太空后的调理。本研究聚焦微重力下灵芝对抗白血病的效果，得到的结果会很好地丰富航天中医药的知识。

106. 微重力下的晶体生长

　　本实验的目的是观察太空中生长的硫酸钙晶体与地球上生长的大小是否不同。项目组对其感兴趣的原因是，我们知道太空中出生的水母，返回地球后不能感知方向。我们想知道，太空中出生的人是否会遇到相同的问题。水母通过小囊袋中生长的晶体来感知

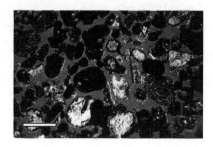

多孔测量

117

方向。我们想知道水母眩晕的原因是否是因为袋中的晶体生长太大。在类型 2 的 FME 试管中,我们将在容积 1 中放入晶体粉末,容积 2 中放入纯净水。在微重力条件下,航天员打开夹子,轻轻摇晃试管混合,晶体生长就开始了。

(本实验在 SSEP 第 5 次任务中搭载飞行)

> **点评**:微重力下的晶体生长是一个航天科普中经常提及的话题,微重力环境非常有利于晶体的成长,而本团队作者研究的角度很新颖。我们知道人也是靠耳石和纤毛感受重力的,水母是靠小囊袋中的晶体感知方向,太空中出生的水母发生眩晕是否跟晶体生长太大有关?同学们据此问题开展了研究。

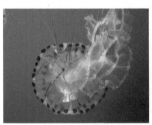

水母

107. 微重力条件下的酪蛋白变性

利用牛奶和醋酸的反应,就可以在微重力环境下将酪蛋白提取出来,并测试其是否因为微重力而发生变性。牛奶中的主要蛋白是酪蛋白,牛奶一般都被

奶酪制作设备

很好地搅拌，防止发生分离。在正常的牛奶 pH 值下，酪蛋白均匀分布在溶液中。加入酸后，由于 pH 值降低，酪蛋白就不能保持溶解状态，形成不溶解的蛋白质物质。

项目组想利用 FME 在微重力环境下开展牛奶和醋酸的反应实验。微重力环境下提取的酪蛋白将和地面提取的酪蛋白进行比较，看是否发生变性。有几种因素会影响变性，如温度和 pH 值的变化。微重力是否会影响这种蛋白质的性质？为了回答这个问题，我们就设计了这样的实验。

（本实验在 SSEP 第 3 次任务中搭载飞行）

点评：蛋白质变性在日常生活中经常遇到，例如鸡蛋煮熟就是一种蛋白质的变性。在某些物理和化学因素作用下，蛋白质特定的空间构象会发生变化，从而导致其理化性质的改变，如溶解度降低产生沉淀，甚至导致生物活性的完全丧失。研究微重力是否影响蛋白质的变性，对于空间开展消毒、细菌灭活、蛋白纯化等都有一定的参考价值。

108. 微重力下的成纤维细胞分裂

细胞分裂是生命不可分割的组成部分。生长、发育和繁殖过程中，所有生物体都必须经历细胞的生命周期。地面模拟失重实验已表明，重力水平的降低会导致细胞分裂速度变慢。项目组希望对此进行深入研究，想通过实验得到对科学和人类有益的成果。项目组设计实验的目的是观察微重力对细胞分裂的

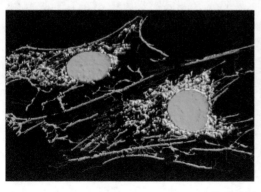
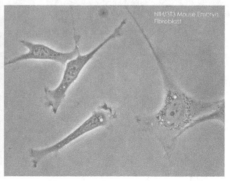

成纤维细胞

影响，并比较有无重力会产生什么样的差异，主要根据繁殖细胞的数量进行观察。选择的细胞为成纤维细胞，它对伤口的愈合发挥着重要作用。将成纤维细胞暴露在微重力下，进行生长和繁殖，同时地面开展完全相同的对照实验。实验样本返回后，我们进行观察分析，并与地面对照实验比较。希望实验数据能够有助于改善太空生活环境，丰富现有的科学知识。

（本实验在 SSEP 第 3 次任务中搭载飞行）

点评：细胞分裂是生命体生长、发育和繁殖的基础。成纤维细胞，在伤口愈合中发挥着重要作用，通过有丝分裂大量增殖，合成和分泌大量的胶原纤维和基质成分，与新生毛细血管等共同形成肉芽组织，填补伤口组织缺损，为表皮细胞的覆盖创造条件。了解微重力条件下，成纤维细胞分裂的变化，有助于深入了解太空中伤口的愈合与地面有何不同，使航天员能够更好地在太空生活。

109. 微重力对肌萎缩性脊髓侧索硬化症（ALS）酶活性的影响

本实验对于相关研究人员有参考意义。我们高中的一位老师最近诊断为肌萎缩性脊髓侧索硬化症（ALS），研究人员也正在开展研究以更好地了解 ALS 的病因，以提高公众对该疾病的意识。希望研究人员能帮助 ALS 患者与这个残酷的退行性疾病进行斗争。

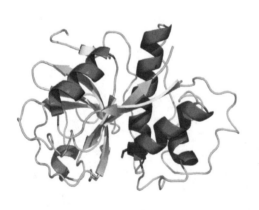

木瓜蛋白酶

谷氨酸是一种作为神经递质的氨基酸。人类所需的谷氨酸的数量很少，由人体产生或通过食物获取。在运动神经间的突触间隙，酶会使谷氨酸灭活并回收。而 ALS 病人中，谷氨酸不能分解，而是累积到有毒的水平，最终导致神经元死亡，随着神经元的死亡，ALS 病人就失去了对随意肌的控制。

本研究将作为酶分解突触中谷氨酸的一个模型。因为国际空间站上不具备搭建实际系统所需的条件，因此选择了一个非生物的模型。本实验将测试木瓜蛋白酶对明胶蛋白分解的影响，方法是测量反应后剩余的蛋白质含量。本实验的目的是测试酶在微重力下能否发挥正常功能。我们假设在微重力环境下酶能更有效地发挥功能。

（本实验在 SSEP 第 3 次任务中搭载飞行）

点评：ALS 是一种可怕的疾病，无法治愈而且致命。史蒂芬·霍金得的就是这种病。开展相关研究，不仅可以为疾病的治疗提供新的知识，还可以提高公众对该疾病的认识。

110. 微重力对包装好的合成血红蛋白氧载体的影响

我们项目建议的中心概念如下：微重力对合成血红蛋白氧载体（HBOCs）的合成有何影响？这具有极其重要的临床价值，合成 HBOCs 在急诊中非常受欢迎，因为急诊时很难得到捐献的血液。国际空间站及其他载人航天器上，保存现成的捐献血液用于紧急情况，几乎不可能。而合成 HBOCs 可以保存很长时间，适用任何需要的人，而且存储时不需要人体血液那样的复杂环境。唯一

血氧蛋白

的问题是，没有人知道这些细胞成分进入太空后会有何变化反应。通过这个实验，我们试图发现存储在太空的合成 HBOCs 如何相互作用，它们会黏在一起并变得不能独立？微重力环境，是否影响它们在人体组织间运输氧气的能力？它们的蛋白膜会分解吗？我们的实验会涉及所有这些问题。为了得到答案，项目组计划将完全相同的样本分别送入太空和进行地面对照实验。实验样本返回后，通过同步分析，就可以回答上述问题。

（本实验在 SSEP 第 2 次任务中搭载飞行）

生物化学实验

点评：这个实验设计得非常好，实验目标明确，有着很好的应用背景。随着人类太空飞行的时间越来越长，很多小概率事件在太空中发生的可能性越来越大，比如太空手术。但是，太空中储备人的血液以备不时之需，似乎不太现实。作为急救中很受欢迎的合成血红蛋白氧载体（HBOCs），凸显出非常好的太空应用前景。但在开展太空应用前，必须了解微重力环境下，合成血红蛋白氧载体（HBOCs）的性能会发生怎样的变化。

111．微重力对成骨细胞转化和骨生长的影响

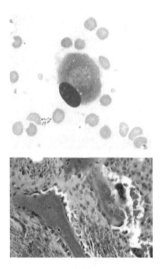

成骨细胞

该项目小组希望探索解决太空骨丢失的可能方法。人在太空停留较长时间后，因为微重力使骨骼不再像地面一样支撑身体重量，人体就会减少成骨细胞的生长。当航天员返回地面时，骨质就会发生显著降低，身体就会很虚弱。尽管他们在航天器中每天锻炼，但航天员返回后力气也会小很多。虽然航天员的肌肉会萎缩，但影响更显著的还是骨量的减少。

成骨细胞可以转化为骨骼，骨量减少来自于成骨细胞生成的减少，项目组提出解决这个问题的方法是，更加高效地生成成骨细胞，也就是说，成骨细胞要生成更多的骨骼。研究小组在进行航天飞机搭载实验的同时，在地面也设计了对照实验。FME试管的一半装有琼脂固定剂的鼠成骨细胞样本，另一边装有人生长荷尔蒙，用来刺激成骨细胞分化。过去的研究显示人体生长荷尔蒙能影响大鼠的成骨细胞生长。当两个管子混合后，就会促进鼠骨的生长。团队推测，微重力会使其生长有不同的表现，生长荷尔蒙可能更会增快成骨细胞的生长以及分化。

（本实验在STS-135任务中搭载飞行）

点评：微重力条件下，航天员长期飞行会发生骨质疏松和肌肉萎缩，这是生命进化中的"用进废退"现象。因为没有重力，骨骼不需支撑身体重量，肌肉也用得少了，因此就发生了上述现象。人工重力能彻底解决这一问题，但目前的工程技术水平下，在太空实现这样的人工重力还不现实。因此，航天医学专家开展了大量研究，探索通过锻炼、器械、药物等多种对抗措施和方法，尽量减少其影响。所以说，这个项目组的同学们选择了一个航天医学重点研究方向，实验获得的知识，可以加深我们对其机理的了解，从而帮助寻找到更好的解决方法。

◎ **FME 实验小贴士** ◎

试管消毒：实验团队应对实验进行评估，确定是否需要在放置样本前对试管进行消毒，这取决于实验的性质。如果采用加热消毒的方式，温度不得超过 390 ℉，夹子消毒不超过 200 ℉。此外，也可以采用气体例如 ETO、辐照或化学方式消毒。

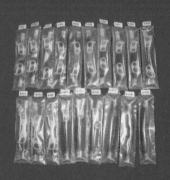

热塑密封的试管，
采用三层密封的方式

实验样本的消毒：搭载生物学实验的团队不仅要考虑试管消毒的问题，还应特别考虑生物材料以及其他使用的液体或固体材料是否需要消毒。如果液体或固体不进行消毒，肯定会出现不希望出现的其他微生物，如细菌和真菌（例如酵母和霉菌），这些微生物的生长可能会杀死需要研究的生物，导致实验失败。此外，对于一些更加具体的实验样本，如种子、水果和植物，还制定了专门的消毒程序。

空隙：FME 试管中，装有液体的空间不一定完全充满，有空隙也可以。

实验样本的要求：不得对航天员乘组、航天器及 ISS 有任何危害，危害程度取决于样本的毒性及密封性，密封层数越多对样本要求越低。要确保飞行实验能够通过飞行安全评审。

不得使用的材料有放射性液体或固体：香水、氢氟酸、磁铁、镉、铍、丙酮等。

其他实验

112. 长期航天飞行任务中用蜂蜜做防腐剂

蜜蜂采蜜

航天员进行太空飞行时，食物是一个非常重要的问题。在目前的国际空间站的任务中，尽管航天员的饮用水和卫生用水可以达到较高的循环使用率，但航天食品目前还主要依赖货运飞船从地面进行补给。由于航天食品在食用前，需要进行长达数月的存储，因此食物的长期保存是一个关键问题。而且，NASA 的科学家和工程师计划将来要载人前往火星，储存足够的食物以备航天员在漫长的星际旅途中食用，是一个亟待解决的重要问题。

本项目组的同学了解到，蜂蜜在地球上可以保存数百年而不变质，并且可作为防腐剂有效保存其他各类产品，达到十年不变质的效果。因此，同学们推测蜂蜜可能是一种长期保存航天食品的天然防腐剂。已经证明蜂蜜在地面能有效防腐，那么在太空它仍然能让食物不变质吗？本项目组的同学们根据这个核心问题，设计了这个搭载实验。他们相信，如果实验证实蜂蜜的防腐作用在太空和在地面一样有效，就可以在长期飞行任务中用蜂蜜保存食物，防止变质。

（本实验在 STS-134 任务中搭载飞行）

点评：蜂蜜是蜜蜂采集花蜜，经自然发酵而成的黄白色黏稠液体，被誉为"大自然中最完美的营养食品"，它不仅营养丰富，还具有很好的防腐作用。航天食品需要长期保存，航天食品专家开展了大量关于航天食品消毒和包装的研究，以解决航天食品的长期存储问题。同学们提出研究以蜂蜜作为防腐剂，帮助航天食品的长期保存，这是一个非常不错的创意。如果能用蜂蜜这种营养丰富的天然食品作为食品防腐剂，效果肯定是顶呱呱！

113. 微重力对于柠檬汁保存猪肉罐头的影响

太空旅行中，由于客观条件的限制，食品储存常常面临困难。为了探索更加有营养、更加有效的食品保存方法，本项目的实验提供了新的视角。项目组提出利用 4ml 的柠檬汁（柠檬酸）来保存一块 7.5 cm × 0.8 cm × 0.8 cm 的经典罐头猪肉。实验针对的问题是：在微重力条件下，用柠檬酸保存罐头猪肉，分析细菌生长与地面有何差异。在国际空间站开展实验的同时，项目组将在地面同步进行对照实验。一旦 FME 样本返回地球，我们会将天地两种样本进行比较，检验我们的假设是否成立，也就是在微重力条件下细菌菌群的生长是否会变慢。本实验的目的是为国际空间站上食品储存提供新思路。

（本实验在 SSEP 第 9 次任务中搭载飞行）

点评：太空旅行时，要为航天员配备航天食品，由于发射的时间周期原因，航天食品一般都要有较长的保质期，我们所熟悉的罐头食品、冻干食品和复水食品等，都能保存较长时间，以满足航天员在太空中吃的需。航天食品现在一般采用辐照、高温消毒等延长食物保质期的方法。而同学们提出利用柠檬汁延长食品的保质期的想法，非常新颖，提供了一种食品保存的新视角。

柠檬

114. 微重力条件下硫酸锌晶体的沉淀和形成

硫酸锌

硫酸锌可用于减少金属表面腐蚀，并能用于牙粘固粉中。过去的研究发现，微重力条件下生长的晶体与地面生长的晶体相比，缺陷更少。掌握完美结构的磷酸锌的知识，可以为商业和工业应用提供有用的信息，例如需要抗腐蚀的覆膜、牙科医学等。

本项目组的同学们提出，研究磷酸钠和氯化锌反应，生成氯化钠和硫酸锌沉淀物的过程。因为反应在水溶液中进行，沉淀物应该能够形成磷酸锌晶体。

两种溶液分别放在类型 2 的 FME 试管的两端，进入轨道后，请航天员进行混合，开始化学反应。地面同时开展对照试验，地面对照在学校的科学实验室进行。试样返回地球后，同学们将测量沉淀物的质量，并观察是否形成了晶体，是在试管壁上形成薄膜，还是在试管底部形成沉淀物。同学们将比较天上和地面对照形成的晶体，看哪个更加完美。他们将使用 CUNY 的 X 射线衍射设施分析样本，并委托中心主任帮助解释分析的结果。同时，团队将使用不低于 40X 的轻型显微镜研究晶体的一般形状和结构。

（本实验在 STS-135 任务中搭载飞行）

点评：太空晶体生长常常出现在航天科普中，成为航天应用的典型例子。微重力条件下，因为减少了重力的干扰，生长出的晶体会比地面生长的晶体更加完美也更大。同学们提出利用磷酸钠和氯化锌溶液在轨发生化学反应的方法生成晶体，并对样本结果开展观察和研究，具有很好的可操作性。实验涉及了多方面的知识和技能，对项目组的同学们是个系统的学习和锻炼。

115. 外太空晶体的生长

项目组将在外太空研究晶体的生长。项目组研究的问题是：微重力对碳酸氢钠晶体生长有何影响？项目组认为，微重力的情况下溶液不会沉淀到试管底部，会形成更多的晶体。在地面上，重力引起溶液中重的部分沉淀到底部，这会造成更小和更少的晶体。项目组使用的材料是：洗管器、碳酸氢钠溶液和 FME 试管。项目组要回答的问题是：与地球环境相比，在微

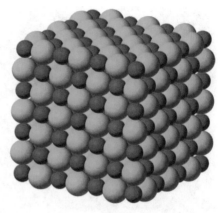

结晶

重力条件下碳酸氢钠是否会形成更大的晶体？形成晶体的速度是否会加快？项目组的假设是晶体生长速度更快，也更大。

（本实验在 SSEP 第 6 次任务中搭载飞行）

点评：结晶是学生研究热点项目，曾开展了很多相关搭载实验。本次实验，同学们提出了研究碳酸氢钠晶体在太空中的生长特点，很容易操作和执行。

结晶

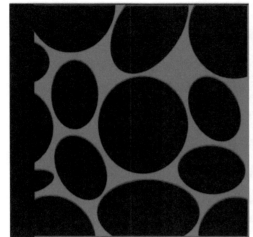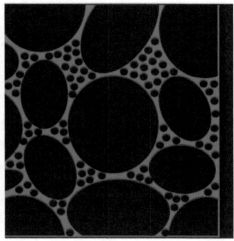

多孔晶体

116. 微重力下银晶体的形成

在微重力和辐射增加的环境下，晶体形成会有什么影响？项目组提出的实验是测试在太空中是否能够形成晶体，是否与在地面形成的一样。项目组进行这个实验是因为，人们发现晶体可用来存储天然气，因为它们具有多孔和坚固的特性（用于气体存储的多孔晶体）。项目组预测这些晶体可以像在地面一样形成，因为晶体形成是一个化学反应，并不需要重力的帮助。如果项目组的假设成立，晶体可以在太空形成，性能也和地球上形成的相似，那么就可以证明晶体可用于在太空中存储燃料。本实验中，将对天地晶体的颜色、平均大小、对称性、大约多少面，以及有无结构差异进行研究。同样项目组也会比较晶体质量的差异。通过比较，就可以确定天地之间的晶体是否存在物理差异。

（本实验在 SSEP 第 4 次任务中搭载飞行）

点评：这次提出的学生搭载实验，出发点是晶体可以用来在太空中储存燃料，以这个角度为出发点，研究天上的晶体是否能够和地面一样生长，以及是否存在物理差异。

117.微重力下有杂质的晶体生长

　　试验要研究的问题是，当 FME 打开，矾晶种与饱和明矾溶液以及硫酸铜溶液混合，晶体生长时是否会将铜作为杂质吸收掉？项目组会将矾晶种置入饱和明矾溶液并加入硫酸铜作为杂质。已经证实，晶体在微重力条件下生长会更加纯净。项目组的假设是，纯净的明矾晶体会生长，而铜杂质不会进入晶体结构中。这很重要，因为如果假设成立，这会有助于相关技术的发展，例如，生长太纯净的单晶体用于半导体或超导体时，就会有帮助。从空间站返回后，项目组将观察晶种是否在生长过程中吸收了铜杂质。如果我们不能直接看到蓝颜色，也就是代表晶体中杂质铜的话，我们就用双筒显微镜观察。我们将使用能量散射谱仪进行电子扫描分析（SEM-EDS）。SEM-EDS 可对晶体构成进行元素分析，包括以铜为例的任何污染物，并根据元素光谱发现结果。因为文献中说晶体在微重力中生长更加纯净，项目组推测矾晶体不应有铜杂质。

（本实验在 SSEP 第 2 次任务中搭载飞行）

点评：太空结晶研究较多，多利用不同的晶体类型，研究天地之间生长的晶体有何差异。本研究从晶体生长过程中杂质吸收的角度，开展研究，具有一定的新颖性。

晶体

118. 微重力对水泥性能的影响

　　要测试的假说是：如果在微重力条件下水泥可以成型，那么与地面成型的水泥相比其性能会得到强化。由于重的物质在微重力环境下不会下沉，因此水泥浆因为均匀最终会更有强度。它可以用于各种不同建筑项目中，强化建筑结构对抗各种自然灾害。它可以加固建筑物，更有效地对抗地震，减少对城市的损害，也可以避免因碎片掉落引起的人员伤亡。根据实验数据可以推动其他实验，进一步推动人类和科技的进步。

（本实验在 SSEP 第 1 次任务中搭载飞行）

　　点评：水泥是日常生活中最常见的建筑材料，我们的住宅大都是用钢筋水泥建造出来的，同学们提出了非常新颖的问题：在微重力环境下，水泥能否像地面一样成型，并且有更高的强度？这个问题的研究，有着非常好的应用前景，甚至可以帮助我们在外太空建造水泥城市。

水泥厂

119.微重力对利用仙人掌粘液净化水的影响

仙人掌是一种很特别的植物，具有多种对人有益的特征，如：根部生长青霉素，是碳水化合物和矿物质的良好来源，能够耐受严酷的环境，对人保持水分有很大帮助。最新发现了用仙人掌粘液净化水的特征。本实验主要聚焦仙人掌粘液对水的净化能力。我们将在太空测试粘液净化被铬污染的水。粘液的这个特征对于未来有帮助，有如下两个运用前景：净化月球水和帮助航天任务中用水的循环。这个实验将聚焦利用仙人掌净化月球上发现的水的可能性。铬在月球上少量存在，但被人体消化后依然有很大危害，这也是项目组尝试去除这种物质的原因。如果仙人掌粘液对水的净化功能被证实不受微重力的影响，这个功能就可以应用于月球水的净化。

（本实验在 SSEP 第 1 次任务中搭载飞行）

点评：太空旅行，水的净化与循环是一个必须解决的基本问题，因为太空中能够携带的水量有限，而补给费用十分昂贵。测试仙人掌粘液对受到铬污染的水的净化能力，具有双重意义，不仅可以探索微重力条件下的净化能力，还能瞄准未来月球水的净化问题，因为月球如果存在水，有可能受到铬的污染。

仙人掌

120. 微重力对弹性橡皮泥形成的影响
以及微重力制备的弹性橡皮泥
与地面制备的有何区别

橡皮泥

弹性橡皮泥是一种神奇而有趣的物质，它是非牛顿的胀流型流体，可以分为固体和液体。项目组提出在微重力下开展弹性橡皮泥的实验。本实验将验证微重力下是否可以制备弹性橡皮泥，如果可以，其与在地面制备出的橡皮泥又有何区别？项目组使用的制备弹性橡皮泥的材料是硼酸钠溶液，由硼砂和自来水混合，再加入埃尔默胶水。我们将使用 2 型 FME 试管，主管内装胶水，长安瓶中装满硼砂溶液。混合后，产品就成为自制的弹性橡皮泥。返回地球后，项目组首先核实在微重力条件下是否能成功制备弹性橡皮泥，如果能，项目组就观察其特性，并与地球上制备的弹性橡皮泥进行比较。比较特性包括分子结构，粘度、颜色、粘性、酒精溶解性，弹起高度以及可燃性。项目组认为在微重力下可以成功制备出弹性橡皮泥，但是粘性和弹起高度会有差异。项目组将记录结果并与科学家们分享，希望在太空制备弹性橡皮泥，让大家都关注这种独特的非牛顿流体。

（本实验在 SSEP 第 2 次任务中搭载飞行）

点评："二战"期间，美国人为了寻找橡胶的替代品，意外发明了弹性橡皮泥这种有着独特性质的神奇物质，它既具有流体的性质，又能具有弹性。同学们提出的这个实验，是要研究太空微重力环境中是否能制备弹性橡皮泥；如果能，制备的弹性橡皮泥，和地面制备的是否具有相同的特性，这可能会得到非常有趣的发现。

121. 微重力环境下的氧化速度

铜锈蚀

铜锈蚀对比

项目组设计这个实验时，进行了艰难的选择。项目组提出的指导思想是，实验应当与日常发生的现象有关，同时要获得对于航天飞行及太空旅游都有意义的研究结果。根据这个指导思想，项目组想到了氧化。项目组选择要氧化的金属为铁和铜。项目组选择铁，是因为它用于许多工具和建筑物中，如果某种金属制成的工具要进入太空，它很可能就是由铁合金制成的。选择铜是因为其大量用于热和电的传感器中，而且它可以完全循环使用，对于资源贫乏的太空环境情形，这非常有用。项目组决定用水作为氧化剂，氧化腐蚀金属的原理是，水中氢原子与其他元素结合，有时会形成酸，从而腐蚀金属。在微重力环境下，这些元素仍然会混合，但是水与金属的接触会变少，此外，水的附着特性在微重力下可能会消失，所以金属与水接触后，水并不会粘住。这毫无疑问会降低氧化速度。因此，项目组假设铁、铜和水进入太空后，氧化速度会降低。

（本实验在 SSEP 第 2 次任务中搭载飞行）

点评：航天器上有很多的金属材料，金属材料的氧化速度，会影响到使用寿命。同学们提出以铁和铜作为研究对象，研究微重力条件下铁和铜的氧化速度与地面相比有什么差异，有着很好的针对性。选择铁是因为其在航天器中有着广泛应用，选择铜也是因为其大量用于热和电的传导。研究结果可帮助我们更好地了解太空中金属物体的使用寿命。

122. 微重力对于暴露在盐水溶液中的金属的氧化作用

想验证一下微重力条件下暴露于盐水溶液中的铁的结构完整性。项目组认为液体表面张力在太空环境中比地球上的正常重力环境下更大，金属氧化的情况会发生变化。项目组选择铁作为实验对象，是因为它的锈蚀速度快，因此在有限的时间范围内容易验证。

项目组将使用类型 2 的 FME，盐水在一侧，铁条和氧气在另一侧。实验采用的是用于金属拉力测试的铁条，氧气和盐水将对它形成氧化。当航天员将隔离夹子打开并摇晃容器时，两者就进行混合。项目组将测试三种环境下的样本：暴露于太空中的盐溶液、暴露于地面的盐水溶液。以及地面无盐水环境。得到三种实验结果后，项目组将对其进行测试比较。将用金属拉力测试的方法来测量铁条的完整性，并用扫描电子显微镜观察腐蚀差异。

了解微重力条件下液体腐蚀金属的状况，对于国际空间站或载人航天器的容器设计有重要意义，也有助于我们理解低重力条件下如月球和火星这样的低重力环境中，金属的氧化情况。

（本实验在 SSEP 第 4 次任务中搭载飞行）

点评：同学们选择了容易发生氧化的铁以及酸性较强的盐水，研究微重力条件下的氧化腐蚀作用，可以在较短的搭载时间内，发生比较明显的变化，便于开展研究。了解微重力条件下的金属腐蚀规律，有助于更好地设计航天器。

铁

123. 微重力下生锈有何不同?

钛

太空飞行中，生锈是一个问题。生锈使金属强度变弱，使得金属物体在太空中相对其他物体来说更加容易受损。这对于太空旅游来说是一个问题，因为价值较高的物体会因此而损坏。在微重力中开展实验，可以帮助工程师为将来做好准备。关于这个课题，欧洲的航天技术与研究中心曾经开展过实验，他们曾经研究了微重力下原子氧的腐蚀作用，已经证明了微重力环境下存在腐蚀或生锈的问题。有些简单的因素可以使得航天旅行更加可靠，其中免生锈底盘就是其中之一。这个实验可以回答如下问题：微重力环境下生锈的产生有何不同？本研究有助于未来人类的生命安全、节省成本，使航天器的外部更加安全。本实验使用了 CP1 级钛以及 0.5% 的氯化钠溶液，分别放在腔 1 和 2 中，将研究微重力环境下锈蚀有什么不同。到达 ISS 后，航天员将打开夹子，使金属和盐溶液进行混合。

（本实验在 SSEP 第 7 次任务中搭载飞行）

点评：生锈和腐蚀是一个重要的研究方向，在太空开展实验简单易行，是学生设计太空搭载实验的一个不错的选项。这个团队的同学们，较为详细地描述了此项研究的意义。选择 CP1 级钛以及 0.5% 的氯化钠溶液作为实验材料，是过去搭载实验没有过的。

其他实验

124. 微重力对搪瓷表层喷涂防腐效能的影响

可乐

我们的团队聚焦 Rust-Oleum 公司的防腐蚀喷涂涂料。我们将评估在地面以及在微重力条件下，涂层的弹力有何变化。出于熟悉的原因，我们选择了日常最为常见、容易获取的可口可乐作为腐蚀剂（其余类似饮料也可）。我们将使用 2 个铁的圆盘（99.5% 纯铁），均匀地喷涂保护涂层，另外两个铁圆盘没有任何涂层，将它们分别固定在聚乙烯条上，用硅胶在下面粘紧。在持续暴露于苏打水中 72 小时后，ISS 和地面都用聚合物吸收可乐，停止腐蚀。剩余的涂层厚度，将以 0.1 微米的精度进行测量，并用显微镜进行表面检查。

（本实验在 SSEP 第 5 次任务中搭载飞行）

点评：研究腐蚀和研究腐蚀防护，是一个问题的两个方面。这个项目组的同学们提出，研究微重力条件下防腐蚀涂层的保护效能变化，可以丰富我们的相关知识，并具有一定的应用前景。

125. 微重力环境下醋对蛋壳腐蚀速度的研究

项目组想知道天地之间蛋壳在醋中的腐蚀速度差异，这样就可以推断太空

醋

蛋壳

中酸对我们牙齿的腐蚀情况。项目组相信太空中蛋壳的腐蚀速度会加快。我们知道，醋中含 3% 左右的醋酸，蛋壳含碳酸钙，两种物质反应生成二氧化碳。蛋壳也与我们牙齿的构成相似，因为它们都是由类似石头的矿物质构成，大部分是钙。项目组对这个题目感兴趣，是因为蛋壳和牙齿都含碳酸钙，酸对蛋壳的反应可以与酸对牙齿的腐蚀作用相类比。项目组想探究醋酸对蛋壳的影响，并将其与食物中的酸性物质对牙齿的影响相比较。研究结果可以帮助研发牙科产品，帮助航天员在太空环境中保持牙齿健康。

（本实验在 SSEP 第 3 次任务中搭载飞行）

点评：腐蚀在日常生活中大量存在，牙齿被食物酸的腐蚀也是其中之一。同学们敏锐地提出，利用蛋壳在醋中的腐蚀速度，来推断太空中酸对牙齿的腐蚀情况，因为蛋壳和牙齿的成分有很多相似性。这样的实验操作，简单易行，研究结果可以帮助航天员在太空中更好地保护牙齿。

126. 微重力下的 Aleve XR 和微胶囊

本实验的重点是观察微重力如何影响微胶囊药物 Aleve XR 的释放。从之前期类似的太空试验得到的结果可知，在太空环境下药物的释放速度会降低。本实验采用模拟的胃液溶解微胶囊，模拟的胃酸由盐酸、去离子水、氯化钠和氯化钾构成。返回地球后，将微胶囊释放的安非他命浓度与地面微胶囊释放的安非他命的浓度进行比较，以研究微重力如何影响药物微胶囊的强度。如果安非

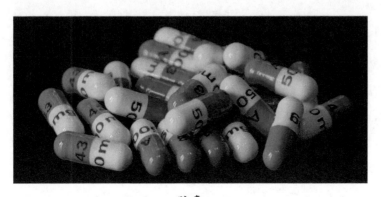

胶囊

他命的浓度低，就说明微胶囊在太空环境下需要更长的时间才能被溶解，本实验还将为研究人员提供有关微重力效果的信息，特别是微胶囊的释放。航天员之后就可以根据情况确定它们需要多大的剂量，以便有效地治疗某种疾病。这也有助于制造缓释周期更长的药物，类似微胶囊在微重力下的情况。

（本实验在 SSEP 第 4 次任务中搭载飞行）

点评：在地球上，如果我们感冒了，可以服用感冒胶囊，胶囊在体内溶解和释放有效成分。微重力环境下，还可以用相同的药物进行治疗吗，还是需要特制的药物？同学们提出的这项研究，可以很好地帮助我们回答这个问题。如果微重力条件下，胃酸溶解药物胶囊的速度发生变化，我们就必须对药物使用的胶囊进行调整，确保药物的正确释放，精确地治疗疾病。

127. 玻璃胶囊外壳以不同物质包裹时与水的反应

阿拉伯树胶

　　项目的主要目的是观察三种不同材质的胶囊外壳在水中的溶解，以及在微重力环境下它们的反应及释放速度，它们分别是淀粉（碳水化合物）、阿拉伯树胶（树胶）和蔗糖（碳水化合物）。背景研究表明，这些物质会溶于水，但某些物质经过一定时间后会沉淀到底部。有些胶囊外壳在微重力环境下溶解反应速度可能会变降低或者提高，此外，项目组预测淀粉材质不会完全溶解，阿拉伯树胶将会溶解，蔗糖材质会溶解。这个实验项目还使用了聚丙烯酸钠来停止实验，因为它能吸收数倍于其体积的水并形成聚合物凝胶。停止溶解过程是因为项目组想研究6秒钟的反应结果。在国际空间站上的测试完成后，项目组将观察哪些物质可以完全溶解，哪些不能溶解或者接近溶解点。一旦获得了这些知识，航天员就可以服用由上述某种材质为外壳的胶囊药物，使治疗更加有效。了解这些差异可以提高太空用药的生产，也可通过延长释放速度，提升地球上的医疗水平。

（本实验在 SSEP 第 9 次任务中搭载飞行）

点评：太空给药是一个重要的课题。太空失重环境下，药物包裹外壳的溶解情况会发生变化，同学们提出观察三种物质在微重力条件下的溶解情况，可以帮助做成更适合的胶囊药物，不仅可以帮助航天员维持健康，也可以造福地面上的人类。

128. 微重力对纸张色层分析法的影响

本研究的目的是确定在微重力条件下是否可以进行色层分析法，以及与地面相比有什么区别。色层分析法是一种分离物质的方法，利用毛细作用使溶液通过一种可渗透介质。选择纸张色层分析法是因为其操作简单、易于使用。本实验使用了3ml的蒸馏水、10cm的咖啡滤纸，以及PMOP钢笔墨水。使用了类型3的MixStik，因为它具备开展复杂实验的性能。在腔

色层分析法

1里面是3ml的纯净水，腔2中为10cm的咖啡滤纸，腔3中为墨点以及剩余的9cm咖啡滤纸。当试验返回地球后，测量墨汁在纸上的路径及方式。这些数据将与地面对照进行比较。从实验中得到的知识可以让我们对色层法有更好的了解，以及物理化学方面的现象，如毛细运动。从长远看，这些信息可以促进微重力环境和地球环境下的色层分析法的发展，此外，利用这些知识还可以更好

地设计那些允许毛细运动、溶液分子运动的围挡。

（本实验在 SSEP 第 7 次任务中搭载飞行）

点评：色层分析法是一种分离物质的方法，其原理就是利用毛细作用。进入太空后，由于重力的消失，毛细作用会更加突出。因此，色层分析法在微重力条件下应当与地面重力条件下有所不同，通过在微重力环境中进行的实验可以对色层法有更好的了解。

129. 微重力下的蒸发研究

蒸发

本实验将研究在微重力下水的蒸发是否比地面环境下更快。如果在微重力下水的蒸发变快，那么航天员就需要消耗更多的水来维持身体健康，但是如果水蒸发慢，航天员消耗的水量就会减少。水存在于所有的生命体中，包括蔬菜和我们的身体。正常环境下，水会不断地从液态变成气态。水果变干、身体出汗都是因为水的不断蒸发。本实验将模拟水的蒸发过程，在 FME 试管的腔 1 中，放入一些含有数滴水的棉花，以及一些"硅胶"，硅胶会吸收小试管中的湿气，迫使棉花中的水分蒸发。实验时，在地面开展与国际空间站上完全相同的对照实验。通过测量棉花在水分蒸发前后重量的差异，就可以确定蒸发到小试管中水的量。出汗的速度和每天的饮水量是衡量航天员身体健康的一项重要指标。同样，如果人类未来要在外太空居住，食物保质期的相关信息，以确保足够的食物存储量。

（本实验在 SSEP 第 7 次任务中搭载飞行）

点评：同学们选取的实验非常有意思，研究失重环境下水蒸发的速度有什么变化。这对于更好地在天上生活，是非常有帮助的，因为蒸发速度的变化会影响新鲜水果的保存时间，以及人体需要补充的水量。推测可能会有不同，因为在重力环境下，存在气体的对流，而失重情况下对流消失，必然对水的蒸发有所影响。

130. 微重力下的水吸收研究

项目组的问题是，微重力会影响玻璃酸对水的吸收吗？在太空中吸收并维持湿度非常重要，因为在国际空间站上水资源有限，在微重力下维持湿度水平可以帮助航天员维持正常生活。玻璃酸存在于眼睛和关节以及多种护肤品中，目的是为皮肤提供保湿、愈合伤口，缓解烧伤和溃疡。也用于鼻腔喷液作为药物载体进入体内。国际空间站上使用玻璃酸有很多益处。研究显示在微重力下航天员的衰老过程加速，皮肤干燥瘙痒。因此使用玻璃酸可以帮助改善生活品质，使太空生活更加舒适。项目组将研究微重力下的玻璃酸水吸收特点，并与地面进行比较。在 FME 腔 1 中，我们将注入 4ml 的蒸馏水，在腔 2 中放入 0.5g 的玻璃酸粉末，在腔 3 中放入一个干燥的棉球。当摇晃 FME 试管时，玻璃酸

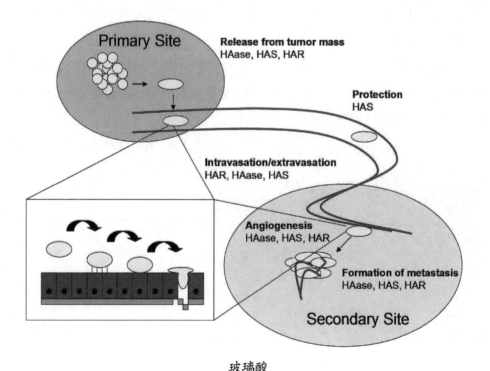

玻璃酸

粉末就会吸收水分，而棉球可以吸收剩余的水分。玻璃酸凝胶重量与粉末重量的差异就能确定微重力下和地球环境中吸收水的重量。

（本实验在 SSEP 第 8 次任务中搭载飞行）

蒸馏水

点评：资料显示，玻璃酸又名透明质酸，是一种酸性粘多糖，具有特殊的保水作用，是理想的天然保湿因子，可以使皮肤柔嫩、光滑、增加弹性，在保湿的同时又是良好的透皮吸收促进剂。研究玻璃酸在微重力条件下的吸水能力，有助于更好地在太空使用这种物质。

131. 微重力对清洁剂和清洁棉布的影响

在太空中洗衣服是一个重要的问题。项目组的想法是，研究微重力下高效的聚合物小珠如何清洁布上的油污。因为空间站上缺水，清洗衣物就是一个大问题。项目组想到了一个方法。聚合物小珠需要很少量的水就能激活。聚合物工作原理是，当水进入聚合物后，它们就会膨胀带走油污，使衣服保持清洁。项目组想在微重力下开展实验，研究其清洁衣物的效果。

（本实验在 SSEP 第 8 次任务中搭载飞行）

洗衣房

点评：现在，空间站的航天员不去洗穿脏了的衣服，而是直接将脏衣服作为垃圾处理，由货运飞船带走，在大气中烧毁。这样做的主要原因就是，空间站水资源非常珍贵，洗衣服会耗用大量的水。同学们提出的这个研究项目非常有意义，如果研究成功，可以用非常少量的水就能清洗干净衣物，未来的航天员在太空也可以洗衣服了。

132. 微重力对于 Rid-x 分解玉米淀粉速度的影响

实验的目的是研究微重力条件下 Rid-x 分解玉米淀粉速度的变化。Rid-x 是一种商用的分解处理产品，包含酶和细菌，它们相互协同分解有机废物，生成二氧化碳。有些二氧化碳会溶解并保留在液体中，形成碳酸。通过氢氧化钠滴定方法测定分解速度，它可以告诉我们细菌产生的

玉米

碳酸含量。我们将使用乙醇终止实验。项目组选择玉米淀粉作为食物来源，使用乙醇作为终止剂，是因为它们的 Ph 值为中性，因此可以准确测量细菌产生的少量酸性物质。项目组预测在微重力下分解速度会增加，因为 Rid-x 是专门为化粪池系统设计的，在重力环境下分成层。在微重力条件下，项目组预期 Rid-x 中的细菌和酶以及玉米淀粉会是块状漂浮，与地球相比，微重力下 Rid-x 中的酶更容易找到玉米淀粉并开始分解以供细菌消化，因为在地球上它们都会沉淀到底部混合成烂泥层。

（本实验在 SSEP 第 6 次任务中搭载飞行）

点评：在地球生物圈中，有机物的降解是物质循环中非常重要的一环，通过降解产生肥料和二氧化碳，用于植物生长的养分。密闭生态系统是人在太空长期生存的基本技术，密闭生态系统也必然涉及有机废物的分解。同学们选择了化粪池系统用的 Rid-x，研究其在微重力环境下分解玉米淀粉的能力变化，具有很好的针对性。

133. 微重力对非牛顿流体混合物浑浊度的影响

　　研究小组的问题是："微重力如何影响玉米淀粉和水组成的非牛顿流体混合物的浑浊度"。浑浊度是衡量光线穿过水样本能力的指标。玉米淀粉是从玉米胚芽中获取的，这种非牛顿流体在快速或用力冲击时，会很硬，但是当你缓慢操作时，它就像液体一样。当放置一段时间后，混合物就会因为重力而有所分离。所以研究小组想知道微重力是否影响其初始的混合，是否沉淀。我们计划使用类型 2 的 FME 试管，玉米淀粉占据试管的 6.9ml，蒸馏水占据2.3ml。要求的相互作用是，打开 FME 中间的夹子，用力摇晃制成混合物。离开 ISS 前，我们要求 FME 固定在原有的位置上。这样，尽管在航天器再入返回和运输过程中……，我们依旧可以比较两种样本的浑浊度，确定样本的混合程度，以及在微重力环境下是否能保持混合。同时地面开展对照实验，比较微重力对非牛顿流体混合物的影响。浑浊度将通过分光光度计上的 myDaQ 浑浊度传感器测量。

（本实验在 SSEP 第 9 次任务中搭载飞行）

点评：非牛顿流体混合物有着独特的性质，本小组提出以玉米淀粉和蒸馏水为实验材料，研究微重力条件下样本混合得怎么样。而研究的指标是浑浊度，这可以方便地进行测量，可操作性强。

非牛顿流体

分光光度计

134. 航天飞行对无铅焊锡锡须形成的影响

锡须

锡须——来自锡覆盖或锡电镀的金属晶体结构已经成为电子生产商和科学家面临的严峻问题。这些锡须通过形成新的电流回路而造成设备短路。实际上，锡须甚至造成飞机和卫星的损坏，不仅危及人的生命安全，还带来亿万美元的经济损失。锡须曾经造成银河 IV、银河 IIIR，以及 Solidaridad 1 等卫星的损毁。

项目小组非常希望研究整个航天飞行过程对锡须形成的影响，包括发射和返回。项目小组认为在前往和返回 ISS 的过程中，受到加速度力以及在 ISS 上的微重力作用，会促使电镀了锡的测试板以及印刷电路板上锡须的生长。项目小组将使用 NASA 科学家 Lyudmyla Panashchenko 博士在电子生长和包装计划中形成的步骤，使锡须生长最大化。

为了测试这种假说，项目小组将向国际空间站运送无铅焊锡，并与地面对照比较锡须的生长。项目小组将分析锡须样本的质量、长度、结构以及密度。实验的结果将能增进了解航天飞行及微重力对进入太空电子设备稳定性的影响。

（本实验在 SSEP 第 6 次任务中搭载飞行）

点评：锡须是在锡表面自然生长的锡晶体，是电子产品及设备中一种常见的现象。锡须在电子组件中会导致电子短路，并且会破坏来自其底层的释放，引起机械破坏。研究微重力条件下锡须的生长规律变化，有助于提高航天电子设备的稳定性。

135. 水膜反应实验

　　为了将来能研发出透气但不透水的人造皮肤和透析膜，受"神舟"十号航天员王亚平在天宫一号展示的失重环境下的水膜实验启发，顺德联谊总会翁佑中学的同学们提出了水膜反应实验，设计了将聚合物聚乙烯醇溶液及饱和盐水混合，以进行相互转化，待其风干后就会形成固体薄膜，过程最多只需一至两分钟。"水膜实验"中，小伙伴们在最后几日得知有毒液体不能带入太空，争分夺秒地寻找可替代溶剂作为实验主角，最终以 8% 浓度的盐水替代丙酮完成实验。实验所用的每张薄膜成本低廉，且使用的实验器材比较轻巧，方便带上太空。

　　水膜反应实验顺利生成了薄膜，返回舱着陆后，研究人员还将对这些薄膜开展后续的科学研究，以期发现新的成果。

（本实验通过神舟 11 号飞船搭载，在天宫二号上实验）

点评：透气不透水的薄膜有着广阔的应用前景，在太空如何制作这些薄膜是一个问题，同学们巧妙地联想到了神舟十号任务中的水膜实验，并且寻找到了无毒无害的液体，用于开展实验，并顺利地生成了固体薄膜。

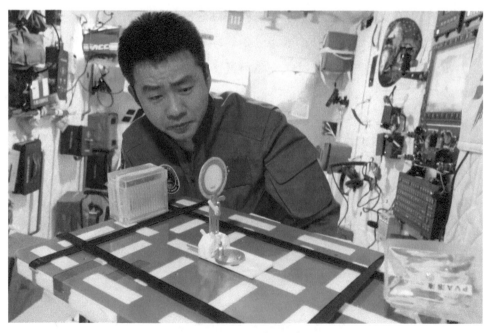

陈冬观察聚合物薄膜试验反应

136. 双摆实验

2013 年，神舟十号航天员王亚平示范了多项失重状态下的科学实验，其中一项是"单摆运动"。受这次"太空授课"的启发，香港保良局罗氏基金中学学生设计了"微重力状态下双摆运动的混沌性质"（双摆实验）实验。同学们对此投入了极大的热情和关注，最终构想出了"双摆实验"。

"它跟人类手臂摆动相似，可以研发成协助航天员工作的工具，比如用来采集石头样本的机械臂。"同学们拿着双摆模型详细解说，他们期望试验结果能为太空修补工序提供机械技术支援。这项实验通过比较双摆在地球和微重力状态下的运动情况，推论引力是否为导致混沌运动的因素。双摆实验完成了太空中的运动影像的摄制。

（本实验通过神舟 11 号飞船搭载，在天宫二号上实验）

点评：从单摆到双摆实验，实验内容截然不同，前者形象地展示了在有重力作用环境下的单摆，到太空失重环境中就变成了圆周运动。而双摆实验探索的是引力是否为导致混沌运动的因素。

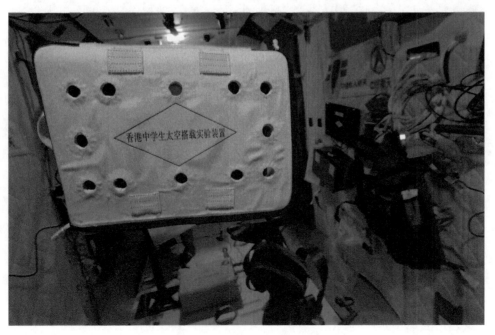

天宫二号内的香港学生试验装置

◎ 香港中学生太空搭载实验方案设计比赛 ◎

2013 年 7 月，中国香港生产力促进局访问中国载人航天工程办公室期间，正式提出了"香港中学生太空搭载实验方案设计比赛"的设想方案，得到了积极回应。经各方协调，2014 年 5 月，活动方案获批。比赛由中国香港特区政府民政事务局和中国载人航天工程办公室联合主办，中国香港生产力促进局、中国航天员科研训练中心和中国空间技术研究院具体承办。

这次比赛也得到了中国载人航天工程办公室和香港特区政府的高度重视，对此投入了大量的精力。整个飞天实验选拔过程很好地借鉴了国际惯例的做法，同学们通过全过程的参与，得到了系统的科学训练，极大地激发和带动了他们学习科学知识的兴趣和热情。

经历了漫长而严谨的评选，2015 年 5 月 21 日，比赛冠亚季军、最佳创意奖和最具潜力奖共 5 个奖项最终尘埃落定，其中冠、亚、季军分别是天水围顺德联谊总会翁佑中学的"水膜反应"、将军澳基督教宣道会宣基中学的"太空养蚕"和保良局罗氏基金中学的"双摆实验"。值得一提的是，整个选拔过程很好地借鉴了国际惯例，同学们通过全过程的参与，得到了系统训练，并激发和带动了他们学习科学技术的兴趣和热情。获奖的一位同学发表感言说："实验筹备了近一个月，过程中我们获得了很多课本以外的知识。虽然在寻找制作混合液的无毒材料时，发现很多材料，例如人造皮等，都不能使用，遇到不少挫折，但我们始终没有放弃。我们期望这一切努力，可帮助延续太空授课活动，并且为未来的科技发展带来贡献。"

137. 天圆地方"五色土"实验

2009 年 12 月 15 日，中国将一颗遥感八号卫星送入太空，同时，以"一箭双星"的方式，将一颗专为青少年设计实验的小型科普卫星"希望一号"送上太空。这颗小卫星采用八边形立柱框架结构，重 60 千克，直径 0.68 米，高 0.48 米，运行在 1200 千米高的太阳同步轨道

五色土实验

其他实验

上。这颗小卫星除了供青少年进行业余无线电空间通信和太空实验，还搭载了北京景山学校学生构想的"天圆地方"五色土实验。

"天圆地方"五色土实验从全国青少年提出的 105 个入选方案中脱颖而出，经过航天专家评审和特殊设计后最终搭载到"希望一号"小卫星上。本项实验的五种颜色颗粒按照北京中山公园社稷坛布局（中黄、东青、南红、西白、北黑）在一个正方形透明盒内码放一层，实验颗粒采用不易产生静电、没有磁

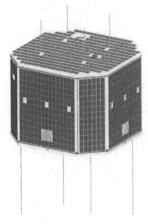

希望一号小卫星

性的五色陶瓷珠。"希望一号"小卫星发射升空前每个颗粒位置固定，用一块带有小凹坑的有机玻璃"压紧"，以防止在火箭发射过程中的剧烈震动使颗粒提前混合。卫星入轨后，根据地面测控指令让锁紧机构解锁，小凹坑压板向后平移，使盒内空间高度增加到五毫米，五色颗粒在盒内处于自由悬浮状态，随后进行拍照。

（本实验通过遥感八号卫星搭载）

中山公园五色土

点评：提出这项实验的灵感来自于中山公园社稷坛五色土，他们想能否将粉末状的五色土按社稷坛上的布局，装到有机玻璃盒子内放到卫星上，看看这些粉末是如何运动的，最后会形成什么样的图案，并给这个方案起了个名字——"天圆地方"。但五色土的颜色区分度不强、颗粒大小不一，同学们想出了用不易产生静电、没有磁性的五色陶瓷珠代替土的解决方案。

图书在版编目（CIP）数据

航天少年．学生空间搭载实验经典案例 / 肖志军主编
．－－北京：研究出版社，2019.6（2024.9重印）
ISBN 978-7-5199-0616-0

Ⅰ．①航… Ⅱ．①肖… Ⅲ．①航天学—少年读物
Ⅳ．①V4-49

中国版本图书馆 CIP 数据核字 (2019) 第 109019 号

出 品 人：陈建军
出版统筹：丁　波
责任编辑：张　琨

航天少年：学生空间搭载实验经典案例
CLASSIC CASES OF STUDENT SPACE EXPERIMENTS

作　　　者　肖志军　主编
出版发行　研究出版社，中国青年出版总社
地　　　址　北京市朝阳区安定门外安华里 504 号 A 座（100011）
电　　　话　010-64217619　　　64217652（发行中心）
网　　　址　www.yanjiuchubanshe.com
经　　　销　新华书店
印　　　刷　北京虎彩文化传播有限公司
版　　　次　2019 年 6 月第 1 版　　2024 年 9 月第 2 次印刷
开　　　本　787 毫米 × 1092 毫米　　1/16
印　　　张　10.5
字　　　数　130 千字
书　　　号　ISBN 978-7-5199-0616-0
定　　　价　56.00 元